Die ZEITSCHRIFT FÜR ANGEWANDTE GEOLOGIE berichtet ständig über folgende Arbeitsgebiete: Geologische Grundlagenforschung und Lagerstättenforschung / Methodik der geologischen Erkundung / Ökonomie und Planung der geologischen Erkundung / Technik der geologischen Erkundung / Geologie und Lagerstättenkunde im Ausland. In der Zeitschrift können alle strittigen Fragen der praktischen Geologie behandelt werden. Die Autoren übernehmen für ihre Aufsätze die übliche Verantwortung.

ZEITSCHRIFT FÜR ANGEWANDTE GEOLOGIE

KOLLEKTIVE CHEFREDAKTION

Dr. K. KAUTER (Redaktionssekretär)
Prof. Dr. F. STAMMBERGER
Dr. habil. G. TISCHENDORF

Träger der Ehrennadel in Gold der Gesellschaft für Deutsch-Sowjetische Freundschaft

BAND 15 · DEZEMBER 1969 · HEFT 12

Die Hauptphase der Erdölbildung

N. B. Wassojewitsch, Ju. I. Kortschagina, N. W. Lopatin, W. W. Tschernyschew & K. A. Tschernikow, UdSSR

Zwei Jahrhunderte trennen uns vom Erscheinen der Abhandlung M. W. Lomonossows „Über die Erdschichten" (1763), eines hervorragenden Werkes, worin eine scharfsinnige Vermutung über die organische Entstehung der fossilen Kohlen und der Naphthide (d. h. des Erdöls und seiner natürlichen Abkömmlinge) ausgesprochen wurde. Sieht man von Einzelheiten ab und versteht die Äußerungen M. W. Lomonossows hinreichend breit, dann erkennt man in ihnen unschwer drei prinzipiell wichtige Thesen: 1. Die Kohle entsteht aus pflanzlicher (organischer) Substanz. 2. Das Erdöl entsteht aus der gleichen Substanz. 3. Der wirkende Faktor sowohl der Kohle- als auch der Erdölbildung ist die Wärme (die Temperatur).

Es ist sehr bemerkenswert, daß gerade diese Thesen, mutadis mutandis, den modernen Theorien über die Bildung der Kohlen und des Erdöls zugrunde liegen.

In dem Maße, in dem man die Zusammensetzung des Erdöls, seine natürlichen Lagerungsverhältnisse, den Charakter seiner Beziehungen zum Nebengestein und zu seinen Begleitern (Wasser und Gasen) erkannte, wurden die Langwierigkeit und Kompliziertheit des Prozesses der Erdölbildung, seine erstaunliche Vielseitigkeit nachgewiesen. Zugleich trugen die Fortschritte in der Geologie, Geochemie und den verwandten Wissenschaften zur Aufhellung vieler Seiten der Erdölbildung bei. Wie W. I. Wernadski in den „Umrissen der Geochemie" feststellte, „entsteht das Erdöl in seinen Verbindungen bereits in den Organismen". Seine Geschichte beginnt tatsächlich in der lebenden Substanz und setzt sich in den subaquatischen Sedimenten und später in den aus letzteren entstandenen Gesteinen fort. Es beginnt schließlich jene Etappe im Werden des Erdöls, die ihrer Bedeutung nach durchaus die Bezeichnung Hauptphase (N. B. Wassojewitsch 1967) verdient. Gerade mit dieser Hauptphase hängt die Bildung des eigentlichen Erdöls (des tropfbar flüssigen Erdöls) zusammen, dessen Akkumulation die Bildung der Erdöllager gewährleistete.

Die Quellen des Erdöls sind bekanntlich bestimmte Komponenten der in Sedimenten eingebetteten organischen Substanz, vor allem natürlich Kohlenwasserstoffe und jene chemischen Verbindungen, aus denen sich Kohlenwasserstoffe durch natürliche Prozesse, die in den Sedimenten und Gesteinen im normalen Verlauf der Lithogenese ablaufen (N. B. Wassojewitsch 1967, 1968; K. F. Rodionowa 1967; K. A. Tschernikow, I. A. Selitschenko & G. M. Parparowa 1967), leicht bilden können. Solche Verbindungen kann man Vorgänger der Kohlenwasserstoffe nennen, abgekürzt Vor-KW (N. B. Wassojewitsch, I. W. Wyssozki, A. N. Gussewa & W. B. Olenin 1967).

Die erste, früheste Generation der KW und der Vor-KW entsteht durch den Stoffwechsel der Hydrobionten, die ein gegebenes Wasserbecken bewohnen, in den meisten Fällen und im maximalen Maß aus den Organismen des Planktons.

Die KW und die Vor-KW der zweiten, bereits diagenetischen Generation sind ebenfalls Stoffwechselprodukte von Mikroorganismen, die in Sedimenten leben (Pelobionten). Zur dritten, postdiagenetischen Generation, die wahrscheinlich eine geringe Rolle spielt, kann man die KW rechnen, die etwas später, nach dem Absterben der Tätigkeit des Mikrobios, unter dem Einfluß der in den Sedimenten noch erhalten gebliebenen Fermente entstehen.

Die vierte und die folgenden Generationen der KW (und der Vor-KW) sind katagenetisch, sie sind das Ergebnis einer weichen Thermolyse und Thermokatalyse. Die DK kann man als abiogen betrachten, obgleich sie aus fossilisierter organischer Substanz entstanden sind, die letztlich auf die lebende Substanz zurückgeht.

Die Rolle jeder dieser Generationen der KW bei der Herausbildung der Zusammensetzung des Erdöls wurde von verschiedenen Bearbeitern verschieden bewertet: Es entstanden zwei Haupthypothesen — die Hypothese der Frühbildung des Erdöls (der diagenetischen, im engen Sinn gebraucht) und der Spätbildung des Erdöls (der katagenetischen). Die Hypothese der Frühbildung des Erdöls vertraten P. W. Smith, W. W. Weber, I. A. Jurkewitsch, N. N. Rostowzew und andere. Es ist interessant, daß sie alle der Bildung des Erdöls in sandigen und/oder aleuritischen Sedimenten große oder sogar entscheidende Bedeutung beimaßen.

Im Gegensatz dazu begründen die Anhänger der Hypothese der Spätbildung des Erdöls die These, daß „... die leichten Komponenten des Erdöls im wesentlichen das Produkt von Faktoren der Katagenese sind, nicht aber der Syn- oder Diagenese" (N. B. Wassojewitsch & G. A. Amossow 1953).

Im Jahre 1955 stellte N. B. Wassojewitsch fest, daß sich das in Schlämmen gebildete Mikronaphtha (Mikroerdöl) vom Mikronaphtha in den Muttergesteinen, wo

Eingang des Manuskripts in der Redaktion: 18. 6. 1969.
Übers.: W. Oestreich, ZGI, Berlin.

es nicht beständig bleibt, sondern eine langsame Evolution durchmacht, qualitativ unterscheidet. „Im Maße der Einsenkung der Mikronaphthamuttergesteine erfolgen a) ein Verlust der obligatorischen Begleitelemente (S, N, O) durch das Mikroerdöl; b) seine Methanisierung auf Kosten der Naphthen-Kohlenwasserstoffe; c) eine Anreicherung mit niedermolekularen Komponenten (durch Zerfall der Moleküle), darunter auch mit Gasen, die in gewaltigen Mengen entstehen (N. B. WASSOJEWITSCH 1960, S. 77–78).

Im Jahre 1958 stellte W. A. SOKOLOW auf der Allunionsberatung zum Problem der Entstehung von Erdöl und Erdgas fest, daß „die Kohlenwasserstoffe C_2—C_6 in bedeutenden Konzentrationen ausschließlich unter Tiefenbedingungen entstehen" (S. 104).

Zu Beginn der sechziger Jahre, als bereits hinreichend viele Angaben über den Gehalt der KW und ihre Zusammensetzung in den verschiedensten Typen rezenter und fossiler Sedimente vorlagen, fanden alle diese Thesen neue Bestätigungen. Es stellte sich heraus, daß bei sonst gleichen Bedingungen in den fossilen Sedimenten mehr Kohlenwasserstoffe vorhanden sind als in den rezenten. Das wurde z. B. für KW mit einem Siedepunkt über 325 °C nachgewiesen. Ihr Gehalt in den Gesteinen und in der organischen Substanz ist bisweilen um das Zwei-, Drei- und Mehrfache höher als in den entsprechenden Typen der jungen Schlämme.

G. HUNT & M. DUNTON (1962) untersuchten rezente Schlämme, die unter den verschiedenartigsten Bedingungen in verschiedenen Wasserbecken — im Maracaibosee (Venezuela), im Stillen Ozean an den Küsten Kaliforniens, in einem Fjord an den Küsten Norwegens und an anderen Stellen — abgelagert wurden. In keiner einzigen Probe wurde die Anwesenheit von C_3—C_8-Kohlenwasserstoffen konstatiert. Gleichzeitig wies G. HUNT alle diese Kohlenwasserstoffe in fossilen Gesteinen verschiedenen Alters (bis zum Proterozoikum) aus mehreren Gebieten Amerikas nach.

Hinsichtlich der flüssigen KW von C_8—C_{13} stellte K. A. KVENVOLDEN (1962) fest, daß sie in den von ihm untersuchten Proben rezenter Sedimente der San-Francisco-Bai fehlen oder nur in Mengen unter 10^{-4} % enthalten sind. Diese KW gibt es jedoch in Gesteinen, die das Unterstadium der Anfangskatagenese durchmachten, d. h., die einer längeren Temperatureinwirkung ausgesetzt waren.

Bereits 1956 wurde die Hypothese der Frühbildung des Erdöls durch eine sensationelle Entdeckung von N. STEVENS, E. BRAY & E. EVANS (1965) stark erschüttert. Die amerikanischen Wissenschaftler konstatierten einen prinzipiellen Unterschied in der Zusammensetzung der einerseits aus dem jungen Mikronaphtha der rezenten Sedimente extrahierten n-Alkane und andererseits der aus den Erdölen in den Lagern stammenden n-Alkane. Im Vergleich zu den Erdölen herrschten in den Sedimenten die „ungeraden" n-Alkane stark vor. Vor einigen Jahren wurde nachgewiesen, daß das Verhältnis „ungeradzahlige n-Alkane: geradzahligen n-Alkanen" für die Sedimente einen Wert von 3,6 (bei einem Maximalwert von 5,5) hat, während dieser Wert in den Erdölen gewöhnlich nicht größer als 1,15 ist. Es stellte sich heraus, daß die Sedimentgesteine in bezug auf den Wert des Verhältnisses „ungeradzahlig zu geradzahlig" für die n-Alkane eine Zwischenstellung zwischen den jungen Sedimenten und den Erdölen einnehmen.

Die vollständigsten Angaben über die Evolution des „Ungeradzahlig:geradzahlig"-Koeffizienten, die für eine Serie gutausgewählter Proben von Sedimenten, Gesteinen und Erdölen erhalten wurden, stammen von G. PHILIPPI (1965). Die Veränderung des Verhältnisses der n-Alkane von C_{22} bis C_{34}, ferner die mit der Tiefe zunehmende Annäherung der Zusammensetzungen der KW in den Gesteinen (im Mikronaphtha) und im Erdöl (im Makronaphtha) ist in Abb. 1 deutlich zu verfolgen. Dieser Prozeß wird von G. PHILIPPI als Reifung (maturation) bezeichnet.[1])

Die von G. PHILIPPI erhaltenen Ergebnisse gestatteten zu ermitteln, bei welchen Thermobarverhältnissen in den tonigen Muttergesteinen eine erhebliche Zunahme des Gehaltes an KW bei gleichzeitiger Annäherung ihrer Zusammensetzung an die Zusammensetzung der KW des Erdöls erfolgt. Diesen Umschlag, der festzustellen ist, wenn die Gesteine die (in thermodynamischer Hinsicht) kritische Zone erreichen, kann man als Sprung bezeichnen, wenn man darunter relativ schnelle quantitative und qualitative Veränderungen versteht.

In Abb. 1 ist ein Sprung dieser Art in bezug auf Kohlenwasserstoffe (mit einer Siedetemperatur oberhalb 325 °C), die in obermiozänen Schichten des Beckens von Los Angeles enthalten sind, im Teufenintervall von —2640 m (117 °C) bis —3290 m (142 °C) fixiert. Man kann annehmen, daß gleichzeitig, wenn nicht früher, auch ein Sprung in bezug auf die niedrigermolekularen KW (C_3—C_{17}) erfolgt, der von diesem Autor nicht beachtet wurde.

Analoge Beobachtungen führte G. PHILIPPI am Material des Ventura-Beckens durch, wo die geothermische Tiefenstufe merklich geringer war, nämlich 2,66 °C/100 m (anstelle von 3,91 °C/100 m im Becken von Los Angeles). Der entsprechende Umschlag in der Veränderung der Eigenschaften des Mikronaphthas wurde in Ventura in größerer Tiefe festgestellt, und zwar in Tiefen über 3660 m, aber in der Zone mit der gleichen Temperatur (115 °C und darüber).

Daher ist nicht die Lagerungsteufe, sondern die Temperatur der Leitfaktor für die Umbildung der organischen Substanz. Diese wichtige Folgerung wurde mehrfach von sowjetischen Geologen und Geochemikern unterstrichen (N. B. WASSOJEWITSCH 1967; N. B. WASSOJEWITSCH & G. A. AMOSSOW 1953; N. B. WASSOJEWITSCH, I. W. WYSSOZKI, A. N. GUSSEWA & W. B. OLENIN 1967; J. S. LARSKAJA & D. W. SHABREW 1964); die meisten sowjetischen Geologen und Geochemiker lehnen die Hypothese der frühen Erdölbildung ab, sie halten das Erdöl für ein Produkt der Katagenesezone und der Katagenesefaktoren.

Im letzten Jahrzehnt wurden in der UdSSR große Erfolge bei der Erkenntnis der Bedingungen der Erdölbildung erzielt. Hier wurde zum ersten Mal das Problem der Entwicklung der Erdölmuttergesteinsablagerungen und ihre Differenzierung in potentielle Erdölmuttergesteinsablagerungen und in erdölproduzierende Ablagerungen, d. h. solche, die bereits in einem bestimmten Maße ihre Möglichkeiten, Erdöl zu erzeugen, realisiert

[1]) Dieser Begriff tauchte bereits früher in der sowjetischen Literatur auf (N. B. WASSOJEWITSCH 1955, 1960, 1961).

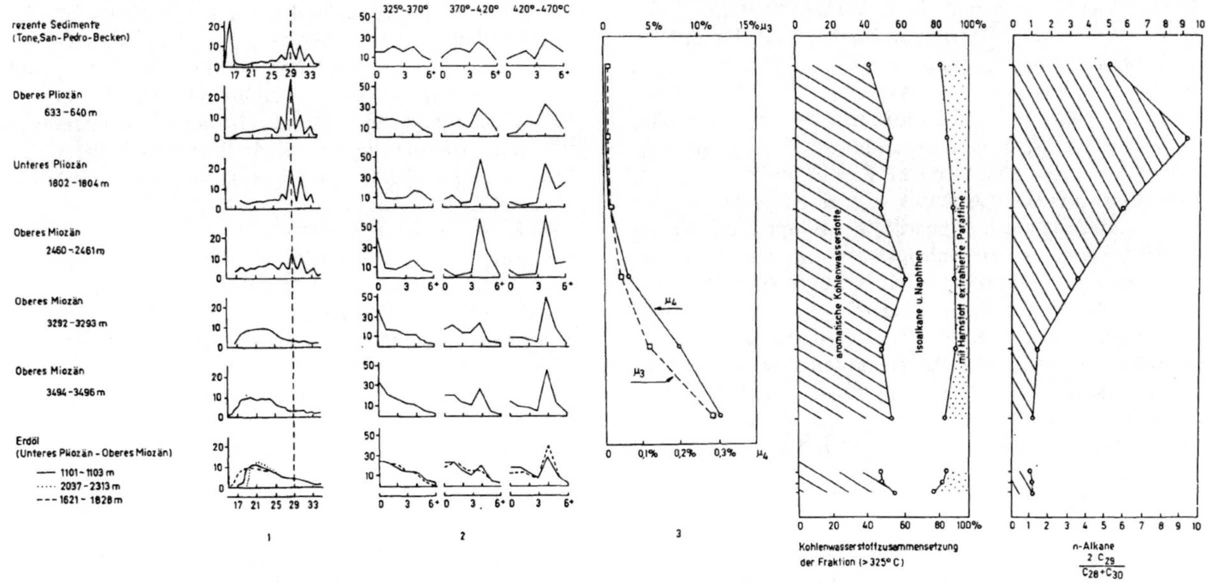

Abb. 1. Die Evolution der Zusammensetzung der Kohlenwasserstoffe (KW) im Mikronaphtha als Funktion der Teufe und der Dauer der Einbettung; Becken von Los Angeles, Kalifornien (nach G. PHILIPPI 1965)

1 – Veränderung des Koeffizienten der Ungeradzahligkeit (ungeradzahlig: geradzahlig) mit der Teufe. Auf der Abszisse – Zahl der Kohlenstoffatome im Molekül der n-Alkane, auf der Ordinate – Volumenprozent des Gesamtgehalts der n-Alkane; 2 – Veränderung der Zahl der Naphthenringe im Molekül. Auf der Abszisse – Zahl der Naphthenringe im Molekül (Fraktion der Isoalkane und Naphthene), auf der Ordinate – Volumenprozent der Fraktion; 3 – Veränderung des Gehalts der Kohlenwasserstoffe in den Gesteinen (μ_4) und in der organischen Substanz $\left(\mu_3 = \frac{KW}{C_{org,\, unlösl.}} \cdot 100\%\right)$

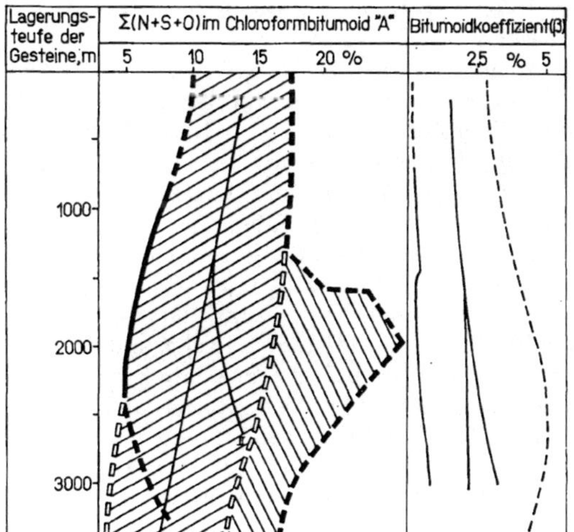

Abb. 2. Die Veränderung des Gehalts und der Zusammensetzung des Synbitumoids „A" (Chloroformextrakt aus dem Gestein vor seiner Behandlung mit HCl) in tonigen Erdölmuttergesteinen im Maße der Erhöhung der Absenkungstiefe. Paläozoische Ablagerungen des Wolga–Ural-Erdölgebiets (nach den Angaben von S. G. NERUTSCHEW u. a., mit geringen Abänderungen von N. B. WASSOJEWITSCH 1966)

Links – Gehalt an Heteroelementen (O + N + S) im Bitumoid, rechts – Gehalt des Bitumoids in der organischen Substanz (Koeffizient β)
1 – Linien der Extremwerte der Parameter, festgestellt auf der Grundlage a) von Seriendaten, b) von lückenhaften Daten; 2 – Linien der maximal möglichen Werte der Parameter (Gehalte an Heteroelementen im Bitumoid, β-Werte) für die Synbitumoide, die keinen Restcharakter haben, d. h. keine merklichen Mengen an Kohlenwasserstoffen des Mikronaphthas verloren haben;
3 – gemittelte Kurven: I – Kurve der Veränderung (im unteren Teil: angenommene Kurve) des Parameters beim Fehlen einer merklichen Emigration der organischen Substanz des Mikronaphthas aus dem Synbitumoid. II – Kurve, welche die Veränderung des Parameters bei Entwicklung des Prozesses der Emigration von Kohlenwasserstoffen aus dem Synbitumoid charakterisiert

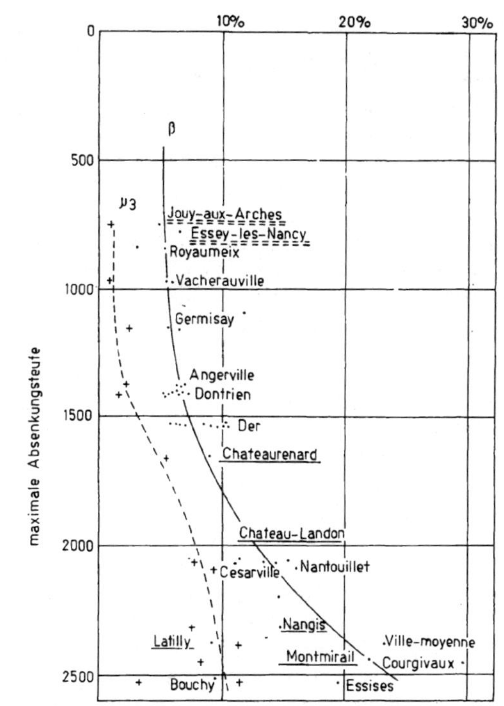

Abb. 3. Die Veränderung der bitumenologischen Charakteristik der Gesteine mit wachsender Teufe (nach M. LOUIS & B. TISSOT 1967)

Auf der Abszisse – Gehalt des Bitumoids $\beta = \frac{\text{Chloroformbitumoid}}{C_{org,\, unlösl.}}\ \%$; linke Kurve – Gehalt der Kohlenwasserstoffe in der organischen Substanz – $\omega_3 = \frac{KW}{C_{org,\, unlösl.}}\ \%$; auf der Ordinate – die maximale Teufe der Absenkung der Schichten des Toarcien des Pariser Beckens

haben, richtig erkannt (N. B. WASSOJEWITSCH 1960, 1962, 1967; A. E. KONTOROWITSCH, N. M. BABINA & L. I. BOGORODSKAJA 1967; S. G. NERUTSCHEW 1962; K. A. TSCHERNIKOW, I. A. SELITSCHENKO & G. M. PARPAROWA 1967). G. I. TEODOROWITSCH, M. F. DWALI, D. W. SHABREW, S. G. NERUTSCHEW, K. A. TSCHERNIKOW, A. E. KONTOROWITSCH, K. F. RODIONOWA, I. I. NESTEROW, W. D. NALIWKIN u. a. taten in den letzten Jahren viel für die Diagnostik der erdölproduzierenden Suiten. Als eines der wichtigsten Merkmale dieser Art Ablagerungen betrachtete S. G. NERUTSCHEW (1962) die weite Verbreitung von Mikroölvorkommen in den Gesteinen als Spuren seiner Anfangsmigration (primären Migration); analytisch wurden diese Spuren als epigenetische oder allochthone Bitumoide bezeichnet; viele davon müßte man richtiger als paraautochthon bezeichnen (K. A. TSCHERNIKOW, I. A. SELITSCHENKO & G. M. PARPAROWA 1967).

S. G. NERUTSCHEW (1962) sowie K. A. TSCHERNIKOW & W. W. IWANSOWA (1965) gebührt das Verdienst, auf ein anderes, in bezug auf das erste negative Merkmal der Prozesse, die zur Bildung von Erdöl führten, hingewiesen zu haben, nämlich auf die Veränderungen in der Zusammensetzung des neutralen Bitumoids (des Chloroformbitumoids), aus dem das Mikronaphtha in merklicher Menge emigrierte. Der Residualcharakter des Bitumoids, das die Kohlenwasserstoffe verloren hat, wird insbesondere durch die relative Zunahme von Heteroelementen (O, N und S), d. h. durch ein relatives „Sauerwerden" des Chloroformbitumoids, fixiert (Abb. 2).

Dank des sorgfältigen Aushaltens der allochthonen Bitumoide und der Analyse ihrer Verteilungsgesetzmäßigkeiten in einer Reihe von Gebieten der UdSSR sowie der breiten Anwendung eines Komplexes verschiedener Methoden zur Untersuchung der Erdölmuttergesteinsablagerungen, darunter auch kohlenpetrographischer Methoden (die Anwendung kohlenpetrographischer Methoden gab die Möglichkeit, den faziellen Charakter der organischen Ausgangssubstanz und den Grad ihrer katagenetischen Veränderung in der Hauptsache nach den optischen Eigenschaften des Vitrinits genauer zu beurteilen), gelang es, die Bedingungen, bei denen die potentiellen Erdölmuttergesteine zu eigentlichen Erdölmuttergesteinen bzw. zu erdölproduzierenden Gesteinen werden, genauer zu fassen. Dieses Moment der breiten Entfaltung der primären Migration des Erdöls, welches den Beginn der Hauptphase der Erdölbildung kennzeichnet, wurde bis in die letzte Zeit hinein von den ausländischen Wissenschaftlern nicht gebührend beachtet. Sie konnten jedoch, wie das aus den Angaben G. PHILIPPIS (1965) erhellt und durch die Materialien der französischen Wissenschaftler M. LOUIS & B. TISSOT (1967) bestätigt wird, eine andere, außerordentlich wichtige Erscheinung feststellen, ohne die das Eintreten der Hauptphase der Erdölbildung undenkbar wäre, nämlich die sehr bedeutende (um das 2—3fache und noch viel höhere) Zunahme der Gehalte von Kohlenwasserstoffen (Mikronaphtha) in den Muttergesteinen.

Die sowjetischen Wissenschaftler andererseits, indem sie die Proben mit den „allochthonen" Bitumoiden verwarfen, strichen diese ungewollt auch aus ihren Berechnungen und berücksichtigten sie in der Gesamtbilanz der Bitumenbildung entweder gar nicht oder nicht in gebührendem Maße. Daher ging aus dem Gesichtsfeld einer Reihe von Geologen und Geochemikern der Umstand verloren, daß der Gesamtgehalt der Bitumoide (der autochthonen und der allochthonen) sehr wesentlich und offensichtlich sprunghaft wächst, wenn die Gesteine eine bestimmte geothermische Zone erreichen.

1964 brachten J. S. LARSKAJA & D. W. SHABREW eine interessante Mitteilung über die Zunahme des Bitumoidkoeffizienten (berechnet für Chloroformbitumoid) und des Koeffizienten μ, d. h. des in Prozent angegebenen Gehalts von Kohlenwasserstoffen in Chloroformbitumoid, mit wachsender Teufe. Die genannten Autoren (S. 900) sind der Meinung, daß „dieser Prozeß ab $T = 50-60\,°C$ und $P = 300$ at, was Tiefen von 1200—1500 m entspricht, am aktivsten in Erscheinung tritt".

Dem Wesen nach kamen diese Wissenschaftler bis dicht an die Frage der Erdölbildung heran, aber sie setzten noch nicht den Punkt auf das „i". Zu beachten wäre erstens, daß der Aufsatz von J. S. LARSKAJA & D. W. SHABREW vor dem Erscheinen der Arbeit G. PHILIPPIS (1965) veröffentlicht wurde, und zweitens, daß er den französischen Erdölgeologen M. LOUIS & B. TISSOT (1967) bekannt wurde. Letztere hatten analoge Untersuchungen durchgeführt, die in geochemischer Hinsicht tiefgründiger waren, aber an einem beschränkteren Material gewonnen wurden. Ihre Ergebnisse sind von besonderem Interesse.

Als Gegenstand für die Untersuchung des Einflusses von Temperatur und Druck auf die Bildung des Bitumoids (Chloroformbitumoids) und der Kohlenwasserstoffe im Kerogen (organische Substanz) wählten LOUIS & TISSOT Argillite des Toarcien (J_1) aus dem Pariser erdöl- und erdgasführenden Becken. Wegen einer Reihe von Gründen, die im folgenden genannt werden, erwies sich dieses Objekt als ungewöhnlich günstig: 1. Der Bau des Beckens, das eine sehr große (etwa 500 km im Querschnitt) flache und in tektonischer Hinsicht sehr ruhige Senke mit gutuntersuchter geologischer Geschichte darstellt, ist außerordentlich einfach. 2. Die Argillite halten auf einem großen Territorium faziell-lithologisch aus. 3. In diesen Argilliten liegen ein höherer Gehalt an organischer Substanz (über 3%) und offensichtlich sapropelitisches Ausgangsmaterial vor. 4. Es sind Bohrkerne aus verschiedenen Teufen bis 2500 m vorhanden.

Nachdem sie anhand von Bohrungen die maximalen Eintauchtiefen der Argillite in jedem der untersuchten Profile bestimmt hatten, konnten LOUIS & TISSOT ein Diagramm konstruieren, das den Einfluß der Temperatur (und des Drucks) auf die Umwandlungen der organischen Substanz bei sonst gleichen Bedingungen ausgezeichnet illustriert (Abb. 3). Auf dem Diagramm zeichnet sich der Umschlag im Gehalt sowohl von Chloroformbitumoid als auch der Kohlenwasserstoffe in der organischen Substanz der Gesteine hinreichend deutlich ab: Ab 1700 m Teufe nehmen die Koeffizienten β und μ in der Zone, in der die Temperatur 650 °C überschreitet, schnell zu. Wenn man unsere sowjetischen bitumenologischen Erfahrungen verwendet, dann kann man zweifellos behaupten, wie auch im Falle der kalifornischen Daten G. PHILIPPIS, daß in Teufen über

2000 m in den unterjurassischen Gesteinen des Pariser Beckens Spuren allochthoner Bitumoide auftraten, d. h. Ölmikrovorkommen. Die Verf. selbst teilen darüber nichts mit.

LOUIS & TISSOT untersuchten auch das Verhalten des „sauren" Bitumoids, das mit einem Gemisch von Methanol, Azeton und Benzol extrahiert wurde. Das saure Bitumoid geht teilweise in das neutralere — in das Chloroformbitumoid — über. Dieser Vorgang verläuft bis zu Teufen mit einer Temperatur um 60°C äußerst langsam, wird bei 60—80°C merklich beschleunigt, bleibt aber dann in Teufen von 2000—2500 m (80 bis 100°C) etwa auf dem gleichen Niveau. Daher wird diese Erscheinung durch die Eintauchteufen — genauer, durch die Temperaturen — gut begrenzt. Sie ist auch im Maßstab der Zeit begrenzt, wovon die Ergebnisse der sehr lehrreichen Experimente der französischen Wissenschaftler zeugen (Abb. 4). Die Versuche wurden im Thermostat bei einer konstanten Temperatur von 180°C und bei verschiedenen Drücken im Verlauf eines Jahres durchgeführt. In diesem Fall wurde mit Argillit experimentiert, der in seiner geologischen Geschichte nicht tiefer als 700 m eingesenkt worden war. Es wurde festgestellt, daß bei einem Druck von 150 kg/cm² doppelt so viel Bitumoid (Extrakt) abgeschieden wurde wie bei einem Druck von 5 kg/cm², und die Zusammensetzung des Chloroformbitumoids änderte sich. Während bis zu einem Druck von 150 kg/cm² im Chloroformbitumoid die Asphalthene gegenüber den Kohlenwasserstoffen vorherrschten, nahm danach der Gehalt der Kohlenwasserstoffe um das 3,5fache zu und erreichte die fünffache Höhe der Asphalthene. Daher begünstigt der Druck die Neubildung sowohl des relativ neutralen Bitumoids (des Chloroformbitumoids) als auch der Kohlenwasserstoffe in dessen Zusammensetzung.

Wie auch die anderen experimentellen Daten von LOUIS & TISSOT bestätigt das Diagramm in Abb. 4 erstens ausgezeichnet das in der Natur zu beobachtende Bild und erklärt es in vielem (Abb. 3); zweitens läßt es nicht den geringsten Zweifel daran, daß die bituminösen Argillite des Toarcien, die von 3—12% $C_{org.}$ enthalten, wenn von ihnen bestimmte thermobarische Verhältnisse (die für die Erdölbildung kritischen) erreicht werden (vor allem natürlich in bezug auf die Temperatur), nicht umhin konnten, bituminöse Substanzen zu erzeugen und in deren Zusammensetzung auch Kohlenwasserstoffe[2]); drittens beleuchtet das Diagramm die Rolle der Zeit bei der Entfaltung der Vorgänge der Thermolyse und/oder Thermokatalyse; viertens beweist es die Sprunghaftigkeit dieser Vorgänge, die von manchen Bearbeitern abgelehnt wurde.

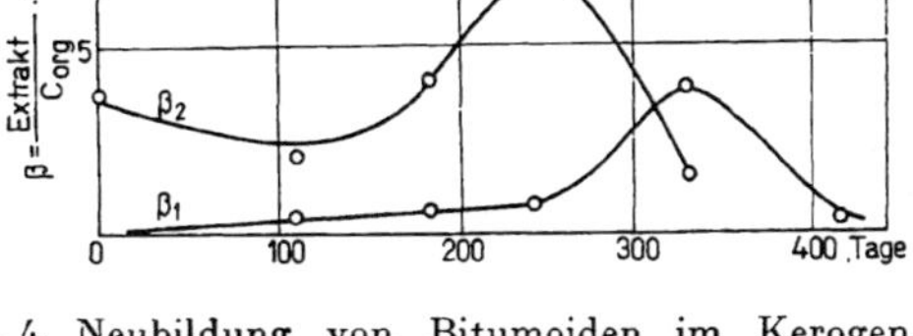

Abb. 4. Neubildung von Bitumoiden im Kerogen (dem vorher die Bitumoide durch Extrahieren mit Chloroform entzogen wurden) unter den Bedingungen einer langen Erhitzung bei 180°C (diese Temperatur wird im Pariser Becken in einer Tiefe von etwa 4 km angenommen) (nach M. LOUIS & B. TISSOT 1967)

β_1 — neutrales Bitumoid, mit Chloroform extrahiert; β_2 — saures Bitumoid, extrahiert mit dem Gemisch von P. SMITH (Azeton, Methanol und Benzol)

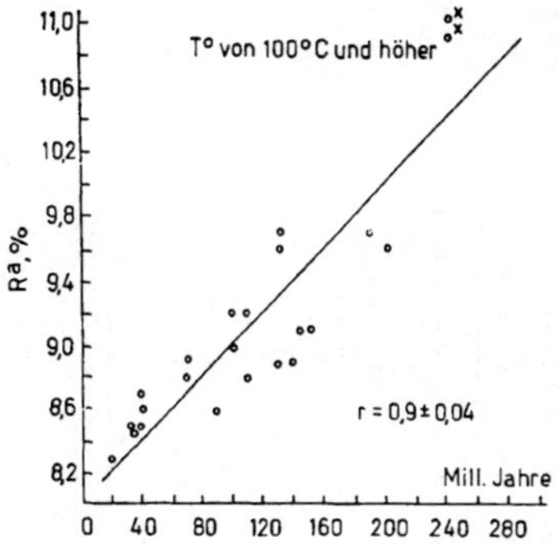

Abb. 5. Der Einfluß der Dauer des Verbleibens der Kohlen in der Zone der Schichttemperaturen von 100°C und höher auf den Indikator des Inkohlungsgrades (R^a)

R^a — Reflexionsvermögen des Vitrinits, D — Dauer des Verbleibens der Kohlen in der Zone der Schichttemperaturen von 100° und darüber, XX — diese Kohlen waren 50 Millionen Jahre lang in einer Zone mit Temperaturen über 150°C

Ein Vergleich der Materialien über das Neogen Kaliforniens und den unteren Jura des Pariser Beckens zeigt, daß der wesentliche Umschlag bei der Zunahme des Gehaltes an Kohlenwasserstoffen (des Koeffizienten μ_3) im zweiten Fall unter weicheren Temperaturverhältnissen — bei 65—70°C — eintritt, während in den Becken von Los Angeles und Ventura die entsprechende Temperatur etwa 115° (oder etwas weniger) beträgt. Erklären muß man das vor allem mit der unterschiedlichen Dauer des Verbleibens der Gesteine in der Zone mit erhöhter Temperatur, z. B. über 50°C. Die Argillite des Toarcien sind etwa 175 Millionen Jahre alt, die Tone des oberen Miozäns 15 Millionen Jahre. Es ist klar, daß die Argillite des Toarcien weitaus länger durchwärmt wurden. Provisorisch kann man annehmen, daß sie 55—60 Millionen Jahre in der Zone mit Temperaturen von 50—70° verblieben. In Kalifornien dagegen waren die Gesteine in dieser Temperaturzone wahrscheinlich nicht länger als 3 Millionen Jahre, d. h. nur ein Zwanzigstel der erstgenannten Zeit.

Der Umstand, daß die Zeit bei geochemischen Prozessen die Temperatur kompensieren kann (natürlich nur, wenn von der Temperatur ein gewisses Minimum erreicht wird, das für den Ablauf eines gegebenen Reaktionstypus erforderlich ist)[4]), kann keinen Zweifel hervorrufen. Ein gutes Beispiel, das die Katagenese der organischen Substanz betrifft, bringen M. & R. TEICHMÜLLER (1967).

[2]) Die organische Substanz (Kerogen) der Argillite des Toarcien war bei der weichen Thermolyse die Quelle relativ saurer Bitumoide, und letztere bildeten die Quelle der neutralen Bitumoide einschließlich des Mikronaphthas.

[3]) Der gleiche G. PHILIPPI versicherte, daß die Menge der entstehenden Kohlenwasserstoffe (im Erdöl) bei der Versenkung der Muttergesteine in der Zeit nach dem linearen Gesetz zunimmt. Auch W. A. SOKOLOW hat Einwände gegen die Existenz eines Sprungs im Prozeß der Erdölbildung.

[4]) Die „Kraftlosigkeit" der Zeit in den Fällen, in denen die Temperatur nicht bis zur kritischen steigt, wird durch Beispiele aus dem Baltikum gut illustriert. Insbesondere gibt es im Kukersit, der etwa eine halbe Milliarde Jahre alt ist, aber aus dem Unterstadium der Protokatagenese nicht herausgekommen ist, sehr wenig Bitumoide (Chloroformbitumoide) und überhaupt keine niedrigsiedenden Kohlenwasserstoffe (nach Daten von A. I. SCHAPIRO).

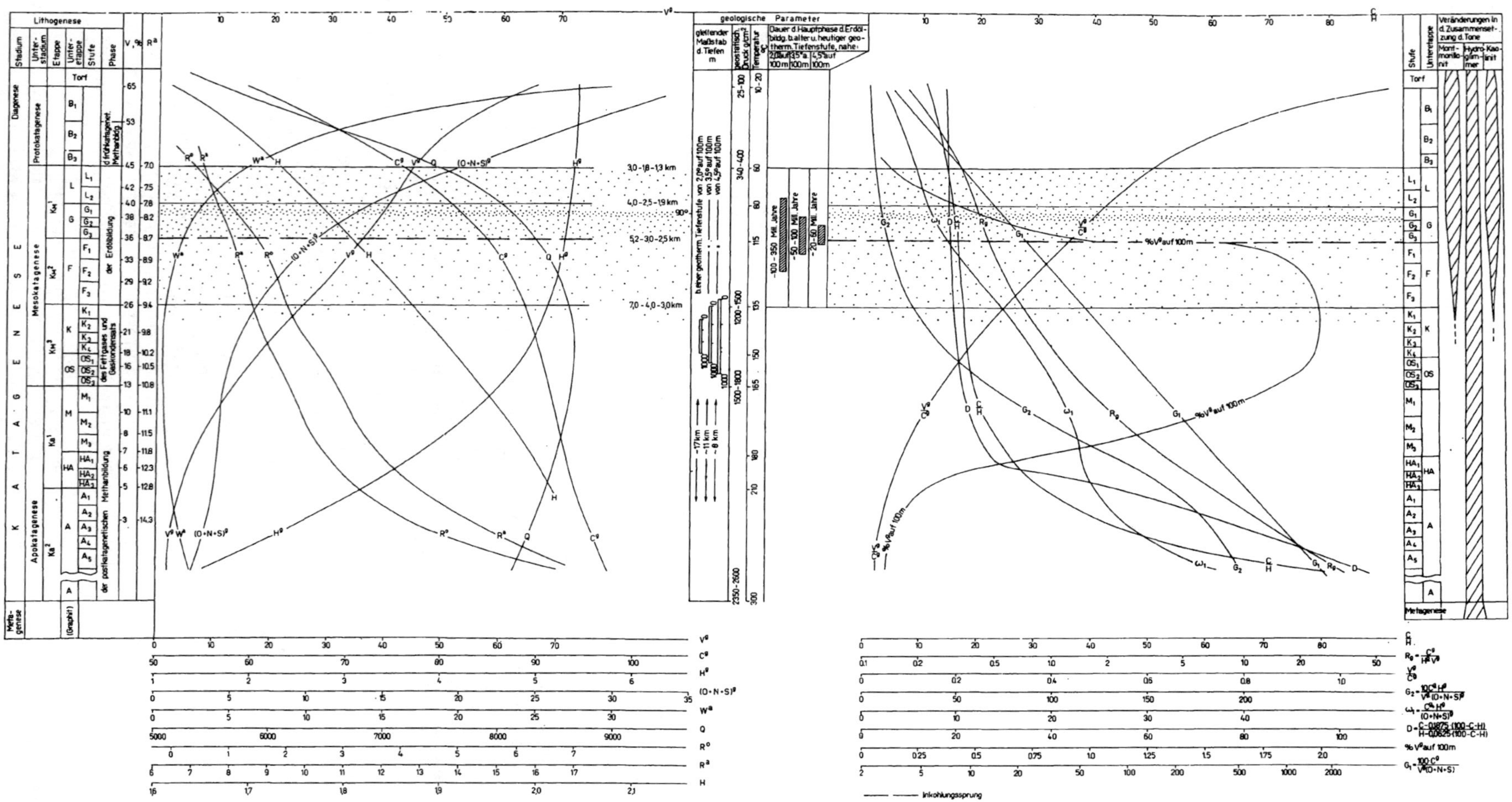

Abb. 6. Veränderungen der Eigenschaften der organischen Substanz im Maße der Entwicklung der Katagenese und die Bedingungen des Auftretens der Hauptphase der Erdölbildung. Bei der Konstruktion der Inkohlungsindikatoren wurden die Angaben von N. B. WASSOJEWITSCH u. a., G. S. KALMYKOW, M. L. LEWENSCHTEJN, M. N. PONOMARJOWA, M. M. LIFSCHIZ, G. P. WYRWITSCH, JE. A. ROGOSINA, L. I. SARBEJEWA, N. M. KRYLOWA, W. A. USPENSKI, M. & R. TEICHMÜLLER u. a. verwendet.

Linker Teil des Schemas: Indikatoren der Veränderung der physikalischen Eigenschaften der Humuskohlen: Reflexionsvermögen des Vitrinits in Luft (R^a, %) und in Öl (R^o, %) sowie Brechungsindex – n. Chemische Zusammensetzung der Stein- und Braunkohlen nach den Angaben der technischen und der Elementaranalyse – analytische Feuchtigkeit (W^a, %); Abgabe flüchtiger Substanzen (V^g, %); Heizwert (Q kcal/kg) und Gehalt an Kohlenstoff (C^g, %), Wasserstoff (H^g, %) sowie Sauerstoff, Stickstoff und Schwefel $(O + N + S)^g$, %

Rechter Teil des Schemas: kombinierte Indikatoren des Katagenesegrades. Anmerkung: * – Phase ist ein Ausdruck zur freien Verwendung; ** – In dieser Zone werden auch Kohlenwasserstoffgase erzeugt, deren Bildung im allgemeinen der Erdölbildung vorausgeht, sie begleitet und abschließt.

Zeitschrift für angewandte Geologie, Bd. 15 (1969), Heft 12

Ein noch viel interessanteres, anschaulicheres und überzeugenderes Beispiel für den Einfluß der geologischen Zeit auf die Umwandlung der organischen Substanz ist ein Diagramm, das von N. W. LOPATIN (1969a und b) für die öl- und gasführenden paläozoischen Schichten des Wolgagebietes um Wolgograd aufgestellt wurde (Abb. 5). Es beruht auf speziell berechneten Daten über die Dauer des Verbleibens der organischen Substanz in Zonen mit bestimmter Temperatur.

Die geringere „Starre" der thermobarischen Verhältnisse beim Eintritt der Hauptphase der Erdölbildung in den unterjurassischen Schichten des Pariser Beckens gegenüber den neogenen Gesteinen Kaliforniens kann auch mit dem größeren Gehalt an organischer Substanz in den erstgeannnten und mit Besonderheiten ihrer Zusammensetzung zusammenhängen. Als Hauptursache muß man jedoch namentlich den Zeitfaktor betrachten.

Vergleicht man alle Daten, die sich einerseits auf die erhebliche Erhöhung des Gehalts der Bitumoide (Chloroformbitumoide) und Kohlenwasserstoffe in den tonigen Schichten bei ihrer Absenkung in den öl- und gasführenden Becken und andererseits auf die breite Entwicklung der primären Migration beziehen, dann kann man sich unschwer davon überzeugen, daß beide Erscheinungen engstens miteinander zusammenhängen. Sie bilden die Grundlage der wichtigsten Periode im Leben des Erdöls, die N. B. WASSOJEWITSCH (1967, S. 147) die Hauptphase der Erdölbildung nannte. Die Zeit (im Sinne der Gebundenheit an bestimmte Unterstadien der Katagenese) und dementsprechend die Verhältnisse ihres Auftretens in bezug auf die tonigen Schichten sind in Abb. 6 dargestellt, in der nach Möglichkeit alle neuen Materialien berücksichtigt wurden, die in den beiden letzten Jahren anfielen. Es gelang leider nicht, für die organische Substanz unterschiedlichen faziellen Typs den Unterschied im Auftreten der Hauptphase der Erdölbildung zu zeigen.

Aus dem Diagramm (Abb. 6) geht hervor, daß sich manche Eigenschaften der Kohlen im Maße der Entwicklung der Lithogenese in den Frühetappen der Inkohlung schneller verändern (z. B. W^g), andere in den späteren Etappen (z. B. H^g), dritte — ziemlich gleichmäßig (z. B. das Reflexionsvermögen des Vitrinits — $R/$ und R^0 —, aber nur bis zur Etappe *HA*. Als einen guten Indikator für den Grad der katagenetischen Veränderung der organischen Substanz kann man V^g betrachten; aber eine sichere Verwendung ist nur für Humuskohlen mit gleichem Reduzierungsgrad zulässig. Von den kombinierten Kennziffern für den „Metamorphose"-Grad der Kohlen verdienen folgende Beachtung:

$\omega = \frac{C}{H}$; $\omega_1 = \frac{C^g + H^g}{(O + N + S)^g}$; $\omega_2 = \frac{C^g}{(H + O + N + S)^g}$; $\omega_3 = \frac{C^g}{(O + N + S)^g}$; $R^g = \frac{C^g : H^g}{V^g}$ (von W. A. ROGOSINA, 1967, vorgeschlagen); $G_1 = 100 \cdot \frac{\omega_3}{V^g} = 100 \times \frac{C^g}{(O + N + S)^g \cdot V^g}$. Diese Parameter haben die gleichen Mängel wie V^g. Als zuverlässigste Kriterien für den Inkohlungsgrad disperser Kohleneinschlüsse muß man die optischen Eigenschaften des Vitrinits betrachten, besonders R^a und R^0.

Für die Erdöllithologie und -geochemie außerordentlich wichtig waren zwei Umstände. Der erste bestand darin, daß man die optischen Eigenschaften des Vitrinits sogar an einem kleinen Korn bestimmen kann, und der zweite Umstand besteht darin, daß der Vitrinit für die humus-organische Substanz ein typisches Mazeral ist, das in sedimentären Schichten in Form von Kohleneinschlüssen auftritt, die viel häufiger als Schichten der Steinkohle verbreitet sind. Bei gebührender Umsicht überschreitet offensichtlich der Fehler bei der Ermittlung des Grades der katagenetischen Umwandlung nicht die Hälfte einer Unteretappe.[5])

Die Verwendung der optischen Eigenschaften des Vitrinits für die Bestimmung der Etappen und Unteretappen der Katagenese gab die Möglichkeit, in bezug auf die Zeit (und die Bedingungen) der Entfaltung jener Prozesse, welche die Hauptphase der Erdölbildung kennzeichnen — verstärkte Neubildung von Kohlenwasserstoffen, besonders leichter, und deren weite Migration —, erhebliche Klarheit in das Problem der Erdölbildung hineinzubringen. Bestimmte Fortschritte wurden von den Wissenschaftlern von WNIGRI, des SNIIGGIMS und anderer Institutionen sowohl in bezug auf die quantitative Einschätzung der Öl- und Gasmuttergesteinsmöglichkeiten der organischen Substanz unterschiedlicher fazieller Natur, die vor allem von der Zusammensetzung der Ausgangsorganismen bestimmt wird, als auch in bezug auf das Eintreten der Verhältnisse, welche die Hauptphase der Erdölbildung charakterisieren, erreicht. Als Minimum unterscheidet man gewöhnlich drei Faziestypen der dispersen organischen Substanz, die Sapropelsubstanz (Saprite), die Humussubstanz (Humite) und die gemischte Substanz (Saprohumite und Huminosaprite). Ihre chemischen Unterschiede sind hinreichend bekannt, und in den verschiedenen Unteretappen der Katagenese unterscheiden sie sich nach dem Gehalt an Chloroformbitumoid (und folglich auch nach dem Gehalt an Kohlenwasserstoffen) merklich voneinander.

Der Eintritt der Hauptphase der Erdölbildung hängt am stärksten vom Faziestyp der organischen Substanz ab, ferner von der geologischen Geschichte einer gegebenen Region und in vielem vom geotektonischen Regime. W. D. NALIWKIN, G. P. SWERTSCHKOW, K. A. TSCHERNIKOW u. a. (1967) gelangten zu dem Schluß, daß auf den jungen Tafeln das Maximum der Bildung flüssiger Kohlenwasserstoffe in der sapropelitischen organischen Substanz auf das Übergangs„stadium" B—L entfällt, während es in der humus-organischen Substanz in spätere Stadien fällt (offensichtlich in G oder F).

Bei der Zusammenfassung der umfangreichen Daten über die mesozoischen Schichten des westsibirischen öl- und gasführenden Megabeckens stellten die genannten Wissenschaftler etwas später fest, daß die Generierung (Erzeugung) gasförmiger Kohlenwasserstoffe in der Stufe L_2 ein Maximum erreichte und 1,4 g pro 100 g organischer Substanz betrug; das zweite Maximum entfällt auf F_2 (1,2 g/100 g). Die organische Substanz des Saprohumittyps bildete ebenfalls eine Quelle, jedoch einer geringeren Menge an gasförmigen Kohlenwasser-

[5]) Zu den Unteretappen der Katagenese rechnen wir die Phasen der Inkohlung, die den Kohlen B_3, L, G, F usw. entsprechen.

stoffen, und diese Substanz garantierte nur ein Maximum (auf der Stufe L_2), und zwar von 0,95 g/100 g, d. h. fast 1 (Gewichts-)Prozent (W. D. NALIWKIN, K. A. TSCHERNIKOW u. a. 1969).

Neutrales Bitumoid (Chloroformbitumoid) entsteht vor allem auf der Stufe G_2 (in Teufen von 2,5—2,8 km und bei einer Temperatur über 100°), und zwar 0,6 g pro 100 g saprohumitischer organischer Substanz und fast das Doppelte (1,1 g pro 100 g) im Falle sapropelitischer organischer Substanz. Nach den Berechnungen W. D. NALIWKINs, K. A. TSCHERNIKOWs u. a. (1967) liefert die organische Substanz dieses Typs in der Unteretappe G insgesamt 40% der Gesamtmasse der Bitumoide. Diese Daten zeigen, daß die Hauptphase der Erdölbildung ungleichmäßig in Erscheinung treten und sogar in Unterphasen zerfallen kann (Abb. 7).

Im Jahre 1969 folgerte A. E. KONTOROWITSCH nach der Untersuchung der mesozoischen Schichten Westsibiriens, daß die Maxima der Neubildung der Bitumoide in der sapropelitischen organischen Substanz auf das Ende des langflammigen Stadiums entfällt (Teufe: 2100—2200 m). In der aus mixtinitartigen Komponenten bestehenden organischen Substanz („graue" Argillite) entfallen die Maxima auf den Beginn des Gasstadiums (Teufe: 2300—2400 m) und in der humusorganischen Substanz auf die Mitte des Gasstadiums (Teufe: 2400—2500 m).

Alle obenaufgeführten Daten lassen sich mit allen von

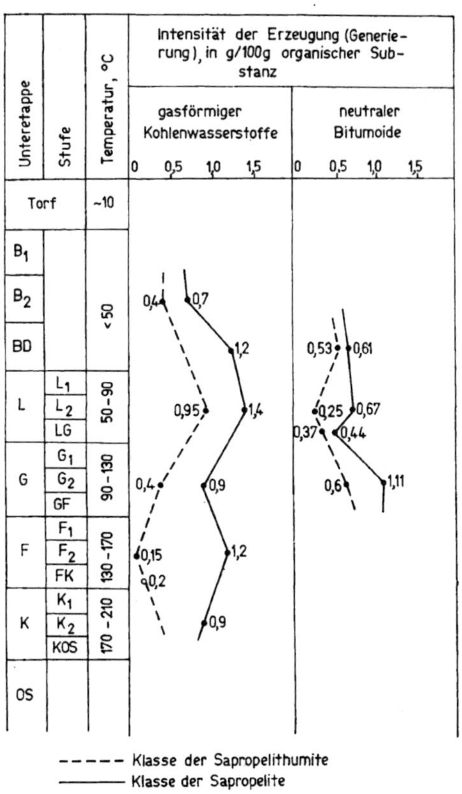

Abb. 7. Intensität der Erzeugung (Generierung) von Kohlenwasserstoffgasen und neutralen Bitumoiden durch die disperse organische Substanz verschiedener genetischer Klassen (nach K. A. TSCHERNIKOW, JE. A. ROGOSINA & I. A. SELITSCHENKO)

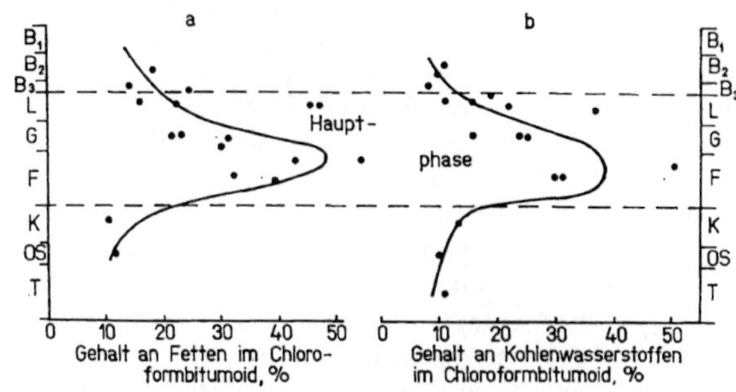

Abb. 8. Veränderung in der Zusammensetzung des Chloroformauszugs (Chloroformbitumoid) aus den Kohlen

a) Veränderung des Gehalts der Öle im Chloroformbitumoid, % (η);
b) Veränderung des Gehalts der Kohlenwasserstoffe im Chloroformbitumoid, % (μ_2)

uns in dem Schema summierten Materialien (Abb. 8)[6]) ausgezeichnet koordinieren.

Die Gasbildung (es wird dabei an die Kohlenwasserstoffe gedacht) geht bekanntlich der Erdölbildung voraus; sie begleitet sie und schließt sie ab. In den frühesten Etappen der Lithogenese wird ursprünglich fast nur Methan allein erzeugt. Gegen Ende des Unterstadiums der Protokatagenese beginnt die disperse organische Substanz neben CH_4 auch dessen Homologe zu erzeugen. Hierbei hängt die Zusammensetzung der Gase bereits vom faziellen Typ der organischen Substanz ab und von den mit der humusorganischen Substanz zusammenhängenden Gasen. Das Verhältnis des Äthans zur Summe seiner höheren Homologe ist bereits viermal so hoch wie das entsprechende Verhältnis in der sapropelitischen organischen Substanz (J. A. ROGOSINA 1967).

O. L. NETSCHAJEWA erhielt unlängst interessante Angaben über die Zusammensetzung der Kohlenwasserstoffgase, die in den Schichtwässern des westsibirischen öl- und gasführenden Megabeckens gelöst sind. Es stellte sich heraus, daß der Fettanteil dieser Gase im Teufenintervall 1,5—2 km sprunghaft zunimmt. O. L. NETSCHAJEWA sieht darin richtig den Eintritt von Bedingungen, welche die Erdölmigration begünstigen. Wir sehen darin die Annäherung der Hauptphase der Erdölbildung, wenn aus der dispersen organischen Substanz sapropelitischer Natur viele niedermolekulare Kohlenwasserstoffe zu entstehen beginnen.

Bemerkt sei, daß sich das Maximum der Bildung der Methanhomologe aus konzentrierter organischer Substanz (aus Humusschichten) um eine Unteretappe der Mesokatagenese nach der Seite der härteren thermodynamischen Bedingungen hin verschiebt.

Eine analoge Verschiebung, aber bereits in bezug auf den Eintritt der Hauptphase der Erdölbildung aus weniger reduzierter disperser organischer Substanz, läßt sich an Hand der interessanten geochemischen Materialien von G. I. TIMOFEJEW, N. W. UMNOWA & O. K. NAWROSKI (1968), die sich auf die mesozoischen Schichten der Kaspisenke beziehen, feststellen. Bei Vereinfachung des Problems kann man folgende Regel

[6]) In dem Schema sind auch die Daten über den Gehalt an Fetten und Kohlenwasserstoffen im neutralen Bitumoid berücksichtigt; letzteres wurde mit Chloroform aus Kohlen extrahiert, die sich auf verschiedenen Unteretappen der Katagenese befinden (Abb. 11). Dieser Gehalt erreicht in den Humuskohlen, im Vergleich mit der dispersen organischen Substanz, das Maximum mit gewisser Verspätung.

formulieren: Je geringer das Erdölmuttergesteinspotential des Gesteins ist, um so härter müssen die thermobarischen Verhältnisse für den Eintritt der Hauptphase der Erdölbildung sein und um so geringer ist natürlich seine Produktivität.

Gegenwärtig sind die Materialien zum Problem der Zeit (der Bedingungen) des Abschlusses der Hauptphase der Erdölbildung noch unzureichend. Nach Abschluß der Hauptphase verlieren die Gesteine offensichtlich bei weitem noch nicht die Fähigkeit, Kohlenwasserstoffe zu erzeugen. In der Hauptsache entstehen jedoch anfangs nur leichte, vorwiegend gasförmige Kohlenwasserstoffe, und darauf, nach Intensivierung des Katagenesegrades, entsteht nur Methan.

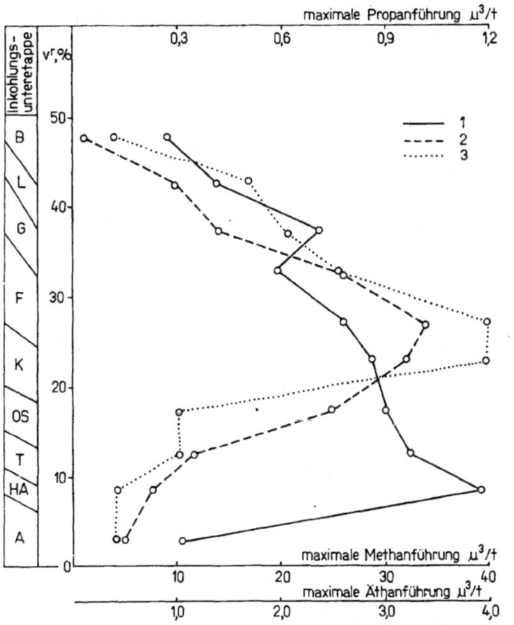

Abb. 9. Die gasförmigen Kohlenwasserstoffe in den Kohlen (nach Angaben von JU. W. BUZIK, B. M. KOSSENKO und M. L. LEWENSCHTEJN 1968)

1 — maximale Methanführung, m³/t, nach 1868 Bestimmungen; 2 — maximale Äthanführung, m³/t, nach 1603 Bestimmungen; 3 — maximale Propanführung, m³/t, nach 1522 Bestimmungen. Die Unteretappen wurden nach den V^g-Werten festgelegt.

Auf Grund der vor kurzem durchgeführten bemerkenswerten Untersuchung von J. W. BUZIK, B. M. KOSSENKO & M. L. LEWENSCHTEJN (1968) wurde festgestellt (Abb. 9), daß unter den heutigen Bedingungen im Donbass die größten relativen Propan-, Äthan- und Methangehalte entsprechend auf die Kohlen F, K und HA entfallen. Man kann folglich annehmen, daß auch in der Vergangenheit die Kohlen nach Durchlaufen der Etappe K die Fähigkeit verloren haben, Homologe des Methans zu erzeugen. Die Hauptphase der Erdölbildung fällt mit einem bestimmten Inkohlungssprung zusammen, der an Hand des V^g-Gradienten auf 100 m Einbettungsteufe zu fixieren ist (s. Abb. 6). Die Kurve der Veränderung dieses Gradienten wurde nach den Daten von M. L. LEWENSCHTEJN (1963) konstruiert.

O. A. RADTSCHENKO (1968, 1969) lenkte zum ersten Mal die Aufmerksamkeit auf das Zusammenfallen der „Hauptperiode der Erdölbildung" (d. h. der Hauptphase der Erdölbildung) mit einem Inkohlungssprung. Er sprach den kühnen, sehr interessanten und offensichtlich richtigen Gedanken aus, daß die sapropelitische organische Substanz der Kohlen und der Brennschiefer durch einen Inkohlungssprung in ihrem größeren Teil in flüchtige Produkte übergehen. Das, was nach der Unteretappe F und um so weniger nach K, übrigbleibt, ist bereits nicht mehr als sapropelitische organische Substanz zu diagnostizieren. Eben deshalb, behauptet O. A. RADTSCHENKO, finden wir in der Natur keine Sapropelite hohen „Metamorphose"-Grades.

Die Hauptphase der Erdölbildung setzt mit der Unteretappe Z (oder später) ein und hört an der Grenze zwischen F und K (oder etwas früher) auf. Diese Unteretappen der Mesokatagenese sind durch eine Reihe von Veränderungen gekennzeichnet, welche die tonigen Gesteine, die der verbreitetste Typ der Erdölmuttergesteinsablagerungen sind, erfahren. Der Übergang der gemischtschichtigen Tonmineralien (von Hydroglimmer-Montmorillonit-Zusammensetzung) sowie von Montmorillonit in Hydroglimmer unter Freiwerden des gebundenen Wassers beginnt und intensiviert sich. M. POWERS (1967) brachte mit diesem Prozeß die Entstehung anomal hoher Drücke und die Emigration des Mikronaphthas zusammen mit dem Wasser aus den Tonen in Zusammenhang.

G. W. LEBEDEWA & K. A. TSCHERNIKOW (1969) untersuchten die Tongesteine des Neokoms, aus denen der Scheitel von Surgut (Westsibirien) besteht, und kamen zu dem Schluß, daß im Teufenintervall von 1860—2300 m bei einer Temperatur von 60—80 °C der prozentuale Anteil der gemischtschichtigen Mineralien in den Tonfraktionen von 55—60% auf 20% und der Anteil der Blähkomponente von 60—80% auf 20% und weniger zurückgehen. Dem ist hinzuzufügen, daß bei der Umwandlung des Montmorillonits in Hydroglimmer zweifellos auch die geologische Zeit eine Rolle spielt, was bereits von F. G. GRIM festgestellt wurde.

Unter jenen thermobarischen Verhältnissen, die der Zone eigen sind, in der sich die Hauptphase der Erdölbildung entfaltet, vollzieht sich noch eine Reihe von Vorgängen, welche die Entwicklung der Emigration des Mikronaphthas aus den tonigen Muttergesteinen zusammen mit Wasser und Gasen stimulieren.

S. N. BELEZKAJA (1967), die im Verlauf einer Reihe von Jahren erfolgreich die Prozesse der Anfangsmigration des Mikronaphthas modelliert hat, betonte, daß „eine Temperatur von 90 °C und eine Feuchtigkeit des Gesteins von 8% (und gerade diese Parameter sind charakteristisch für die Hauptphase der Erdölbildung und die tonigen Gesteine in der entsprechenden Zone; siehe auch N. WASSOJEWITSCH und andere Autoren) jene günstigen Bedingungen sind, die den Übergang der Bitumoide in die Gasphase aktiv befördern".

A. A. ALEKSINA & G. I. ILJINSKAJA (1964) stellten experimentell fest, daß die Abpressung des Wassers und zugleich die Desorption der Kohlenwasserstoffe aus dem Ca-Montmorillonitton bei Temperaturerhöhung erheblich beschleunigt werden; eine Zunahme von t^0 von 20 auf 70 °C erhöht die Geschwindigkeit des Prozesses äquivalent einer Erhöhung des Druckes um 1000 bis 2000 kg/cm².

An den Materialien Westsibiriens wurde gezeigt, daß in der 2—2,2 km tief liegenden und durch eine Temperatur von 65—80 °C charakterisierten Zone gleichzeitig mit der Erhöhung des Wertes des Bitumoidkoeffizienten (β^{ChB}) die Bindung zwischen dem neutralen Bitumoid (Chloroformbitumoid) und den Tongesteinen schwächer wird, d. h., seine Emigration wird erleichtert (G. K. BOJARSKICH, I. I. NESTEROW, L. I. ROWNIN, N. N. ROSTOWZEW & J. G. ERWJE 1967).

Die Hauptphase der Erdölbildung bedingt auch die Hauptphase der Bildung der Erdöllager. Letztere können vor dem Eintreten der Hauptphase der Erdölbildung nicht entstehen. Es ist selbstverständlich, daß die Zeit (im Sinne des Stadiums der Lithogenese) und folglich auch die Temperatur- und Tiefenverhältnisse (letztere hängen von der geothermischen Tiefenstufe ab), welche die kritische Zone charakterisieren, in der sich die Hauptphase der Erdölbildung entfaltet, in vielem auch die Lagerungsteufe der Erdölakkumulationen bestimmen. In der Periode ihrer Bildung mittels beliebiger Migrationsformen (lateraler, vertikaler oder stufenartiger) konnten die Teufen der Lager nicht größer sein als die Teufe jener kritischen Zone, in der sich die Hauptphase der Erdölbildung abspielte. Später konnte natürlich eine, gewöhnlich relativ geringe (weniger als 1 km) Absenkung der ölführenden Schichten erfolgen.

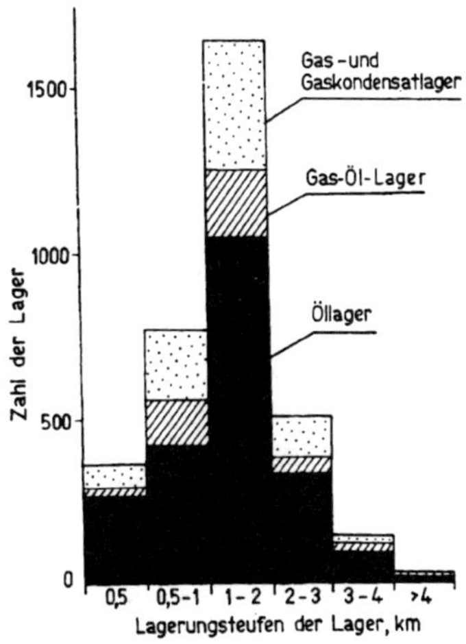

Abb. 10. Die Verteilung der Öl-, Gas-Öl- und Gaslager in der UdSSR nach den Teufen (nach W. G. WASSILJEW 1968)

Die heutigen Angaben über die vorherrschenden Lagerungsteufen des Erdöls in seinen Lagerstätten in der UdSSR zeigen, daß die maximale Anzahl der Öl- und Gas-Öl-Lager im Intervall von 1–2 km liegt (45% der Gesamtzahl der Lager); an zweiter Stelle folgt das Intervall von 0,5–1 km (etwa 25% der Gesamtzahl der Lager). Folglich liegen 70% aller Öllager oberhalb einer Teufe von 2 km (Abb. 10). In größeren Teufen geht die Zahl seiner Akkumulationen rasch zurück, gleichzeitig wächst die relative Menge der Gaslager. Nach K. K. LANDES (1967) waren von der Gesamtzahl der von 1949–1965 in den USA in Teufen über 4570 m entdeckten Lager von Naphthiden nahezu vier Fünftel keine Öllager, sondern Gas- oder Gaskondensatlager. Überhaupt betrachtet LANDES die Zone mit einer Temperatur um 177° C als untere Grenze der „Erdölphase" (der industriellen Erdölführung). Im Durchschnitt ist das möglicherweise auch so, aber in einzelnen Fällen können Öllager offensichtlich auch in stärker durchwärmten Schichten angetroffen werden.

Aus dem bisher Dargelegten geht hervor, daß die Hypothese von der Frühbildung des Erdöls (im Stadium der Diagenese oder ganz zu Beginn der Protokatagenese) nicht der Wirklichkeit entspricht.

Nachdem dieser Aufsatz zum Druck vorbereitet worden war, wurde den Verfassern eine Arbeit aus der Zeitschrift „Geochimica et Cosmochimica Acta" (1969) bekannt, in der die französischen Wissenschaftler P. ALBRECHT & H. OURISSON über die Ergebnisse ihrer Untersuchung der Bitumenologie der oberkretazischen Schichten des Douala-Beckens (Kamerun) berichten. Mittels Gaschromatographie und Massenspektroskopie untersuchten sie die wichtigen Veränderungen in der Zusammensetzung der n-Alkane und der Isoalkane aus verschiedenen Horizonten der mächtigen sedimentären Folge. P. ALBRECHT & G. OURISSON hatten ein seltenes Glück: Ausgezeichnet heben sich die Grenzen der Zonen ab, in denen diese Veränderungen vor sich gehen. Sie beginnen in einer Teufe von 1300 m ($t \sim 70$ °C), erreichen ihr Maximum bei 2300 m ($t \sim 90$ °C) und hören auf (?) in einer Teufe von 2800 m ($t \sim 125$ °C) (Abb. 10). Die Zusammensetzung der n-Alkane wird bei 2740 m erdölartig.

Die obere Grenze dieser Zone entspricht offenkundig dem Beginn der Hauptphase der Erdölbildung. Die Maxima der Zone und der Hauptphase der Erdölbildung (nach unseren Angaben auf Abb. 6) fallen ebenfalls gut zusammen. Verwunderung ruft lediglich die Entschiedenheit hervor, mit der auf Abb. 11 die untere Grenze der Zone festgelegt wurde.

Man kann nicht umhin, zu bemerken, daß die von den französischen Wissenschaftlern angeführten Temperaturen und Teufen bedeutend unter jenen Werten liegen, von denen in der Arbeit G. PHILIPPIs (1965) die Rede war. Es ist durchaus wahrscheinlich, daß das mit der längeren Dauer des Verbleibens der kretazischen Schichten des Douala-Beckens in der Zone mit Tempe-

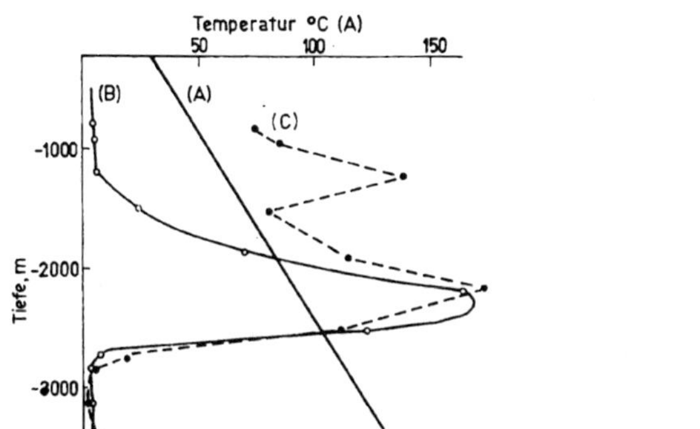

Abb. 11. Die Veränderung des Gehalts der gesättigten Kohlenwasserstoffe mit der Teufe in der Kreidefolge des Douala-Beckens (Kamerun) (nach P. ALBRECHT & G. OURISSON 1969)

(A) – Kurve für die Veränderung der Temperatur mit wachsender Teufe; (B) – Kurve der Veränderung des Gesamtgehalts an Alkanen; (C) – Kurve der Veränderung des Gehalts des BMB-Auszugs (Bitumoid, das mit einem Gemisch von Benzol und Methanol im Verhältnis 3:1 extrahierbar ist)

raturen nahe 100°C (im Vergleich zu den miozänen Schichten der kalifornischen Becken) zusammenhängt.

Gegenwärtig werden in der UdSSR die Bedingungen (Teufe, Temperatur, Druck) für den Eintritt und die Entfaltung der Hauptphase der Erdölbildung, ihren Maßstab und ihre Dauer für die Ablagerungen verschiedenen Typs in den verschiedenen Öl- und Gasbecken wesentlich präzisiert. Konkretisiert werden die Methoden zur Bestimmung der Bilanz der Dia- und Katagenese der organischen Substanz im ganzen und ferner die Bitumoide, weiterhin der festen, flüssigen und gasförmigen Kohlenwasserstoffe in ihrer Zusammensetzung.

Das wird zweifellos die Theorie und Praxis des Aufsuchens neuer Erdöl- und Erdgasakkumulationen im Schoße der Territorien und Aquatorien bedeutend bereichern.

Literatur

ALEKSINA, A. A., & G. I. ILJINSKAJA: Versuch einer Anwendung des Elektronenmikroskops zur Untersuchung von Lösungen, die aus Gesteinen unter Druck abgepreßt wurden. – Westnik MGU, ser. IV, geol., 5 (1964).

BELEZKAJA, S. N.: Experimentelle Untersuchung des Mechanismus der primären Migration disperser Bitumoide aus Sedimentgesteinen im einphasigen Gaszustand. In Sammelband: Genesis nefti i gasa. – Verl. Nedra, Moskau 1967.

BOJARSKICH, G. K., I. I. NESTEROW, L. I. ROWNIN, N. N. ROSTOWZEW & JU. G. ERWJE: Bildungsverhältnisse und Verteilungsgesetzmäßigkeiten der Öl- und Gaslagerstätten der Westsibirischen Tiefebene. – Tr. Sap. Sib. NOGNI, Verl. Nedra, Moskau 1967.

BROD, I. O.: Grundlagen der Lehre von den öl- und gasführenden Becken. – Verl. Nedra, Moskau 1964.

COLOMBO, U.: Origin and evolution of petroleum. Fundamental aspects of petroleum geochemistry. Edit. B. NAGY and U. COLOMBO. – Elsevier Publ. Co., Amsterdam 1967.

DUNTON, M. L., & Y. M. HUNT: Distribution of low molecular-weight hydrocarbons in recent and ancient sediments. – Bull. Amer. Assoc. Petrol. Geol., 46, 12 (1962).

KONTOROWITSCH, A. E., N. M. BABINA, L. I. BOGORODSKAJA u. a.: Sammelband: Nefteproiswodjaschtschije tolschtschi i uslowija obrasowanija nefti w mesosojskich otloshenijach Sapadno-Sibirskoj nismennosti. – Isd. Nedra, Leningrad 1967.

KVENVOLDEN, K. A.: Normal paraffin hydrocarbons in sediments from San Francisco Bay, California. – Bull. Amer. Assoc. Petr. Geol., 46, 9 (1962).

LARSKAJA, J. S., & D. W. SHABREW: Über den Einfluß der Temperatur und des Schichtdrucks auf die Zusammensetzung der dispersen organischen Substanz. – DAN SSSR, 157, 4 (1964).

LEBEDEWA, G. W., & K. A. TSCHERNIKOW: Über katagenetische Veränderungen der tonigen Gesteine des Neokoms im zentralen Obgebiet und ihrer dispersen organischen Substanz. – Geologija nefti i gasa, 9, Moskau 1969.

LOPATIN, N. W.: Über die Hauptphase der Erdölbildung. – Isw. AN SSSR, ser. geol., 5 (1969) [1969a].

– Über die Rolle der Zeit in den Prozessen der Karbonisierung der Steinkohlen. – Westn. MGU, ser. IV, geol., 1 (1969) [1969b].

LOUIS, M. C., & B. F. TISSOT: Influence de la température et de la pression sur la formation des hydrocarbures dans les argiles à kérogène. – Seventh World Petroleum Congress, Mexico 1967. Proceedings. Vol. 2, pp. 47–72.

NALIWKIN, W. D., G. P. JEWSEJEW, N. M. KRUGLIKOW, W. S. LASAREW, G. P. SWERTSCHKOW & K. A. TSCHERNIKOW: Die Rolle verschiedener Faktoren bei der Bildung und Verteilung der Öl- und Gaslagerstätten auf den jungen Tafeln der UdSSR. In Sammelband: Itogi nautschno-issledowatelskich rabot po poiskam i raswedke nefti i gasa. – Pod red. K. A. TSCHERNIKOWA. Tr. WNIGRI, wyp. 259, Leningrad 1967.

NALIWKIN, W. D., G. P. JEWSEJEW, J. A. SELITSCHENKO, N. M. KRUGLIKOW, G. M. PARPAROWA, E. A. ROGOSINA, G. P. LWERTSCHKOW & K. A. TSCHERNIKOW: Die Rolle der Umwandlungsprozesse von organischer Substanz und Erdölen in der Verteilung der Erdöl- und Erdgaslagerstätten in Westsibirien. – Geologija nefti i gasa, 9, Moskau 1969.

NERUTSCHEW, S. G.: Die erdölproduzierenden Suiten und die Migration des Erdöls. – Gostoptechisdat, Leningrad 1962.

PHILIPPI, G. T.: On the depths, time and mechanism of petroleum generation. – Geochim. et Cosmochim. Acta, 29, 9 (1965).

POWERS, M. C.: Fluid release mechanisms in compacting marine mudrocks and their importance in oil exploration. – Bull. Amer. Assoc. Petrol. Geol., 51, 7 (1967).

RADTSCHENKO, O. A.: Zur Frage des Mechanismus der Erdölbildung. – DAN SSSR, 182, 1 (1968).

– Über die Besonderheiten der chemischen Umwandlung der fossilen organischen Substanz unterschiedlichen genetischen Typs im Prozeß der Inkohlung (im Zusammenhang mit dem Problem der Erdölgenese). – Chimija twjordogo topliwa, 1 (1969).

RODIONOWA, K. F.: Die organische Substanz und die Erdölmuttergesteine des Devons des Wolga–Ural-Öl-und-Gas-Gebiets. – Isd. Nedra (1967).

ROGOSINA, J. A.: Die Gasphase verschiedener Typen der dispersen organischen Substanz. In Sammelband: Genesis nefti i gasa. – Isd. Nedra (1967).

SOKOLOW, W. A.: Die chemischen Prozesse der Erdölbildung und die Erdölmigration. In Sammelband: Problema proischoshdenija nefti i gasa i uslowija formirowanija ich saleshej. – Gostoptechisdat, Moskau 1960.

– Die Bildungs- und Migrationsvorgänge von Öl und Gas. – Isd. Nedra, Moskau 1965.

STEVENS, N. P., E. E. BRAY & E. D. EVANS: Hydrocarbons in sediments of Gulf of Mexico. – Bull. Amer. Assoc. Petrol. Geol., 40, 5 (1965).

TEICHMÜLLER, M. & R.: Diagenesis of coal (coalification). In: Diagenesis in sediments. – Elsevier Publ. Comp., Amsterdam 1967.

TIMOFEJEW, G. I., N. W. UMNOWA & O. K. NAWROSKI: Über die möglichen ölproduzierenden Schichten des Juras und der Kreide des nordwestlichen Kaspigebiets mit Einschätzung ihrer Aussichten der Öl- und Gasführung. – Geologija nefti i gasa, 5 (1968).

TROFIMUK, A. A., & A. E. KONTOROWITSCH: Einige Fragen der Theorie der organischen Entstehung des Erdöls und das Problem der Diagnostik der erdölproduzierenden Folgen. – Geologija i geofisika, 12 (1965).

TSCHERNIKOW, K. A., & W. W. IWANSOWA: Die Ergebnisse bei der Untersuchung der dispersen organischen Substanz der mesozoischen Gesteine der Westsibirischen Platte. – Tr. WNIGRI, wyp. 236, isd. Nedra, Leningrad 1965.

TSCHERNIKOW, K. A., I. A. SELITSCHENKO & G. M. PARPAROWA: Die Ausscheidung der Ölmuttergesteinssuiten im Profil des Mesozoikums der Westsibirischen Platte nach den Daten der geochemischen Untersuchung der dispersen organischen Substanz. Kap. VI in: Bildungsverhältnisse und Verteilungsgesetzmäßigkeiten der Öl- und Gaslagerstätten. – Verl. Nedra, Leningrad 1967.

WASSOJEWITSCH, N. B.: Über die Entstehung des Erdöls. – Tr. WNIGRI, wyp. 83, geol., sb. 1, Leningrad 1955.

– Über einige fehlerhafte Thesen falscher Varianten der organischen Theorie der Erdölentstehung. – Tr. WNIGRI, wyp. 27, Leningrad 1960.

– Über die Lithogenesestadien der Erdölmuttergesteinsablagerungen terrigenen Typs. In Sammelband: Woprosy litologii i mineralogii osadotschnych porod. – Isd. AN Aserb. SSR, Baku 1962.

– Die Theorie der Erdölentstehung durch sedimentäre Migration. – Isw. AN SSSR, ser. geol., 11 (1967).

– Die genetische Natur des Erdöls im Lichte der Daten der organischen Geochemie. In Sammelband: Genesis nefti i gasa. – Isd. Nauka (1968).

WASSOJEWITSCH, N. B., & G. A. AMOSSOW: Die Veränderung der Erdöle in der Erdkruste. – Geol. sb. NITO neftjan. pri WNIGRI, wyp. II/V, Gostoptechisdat, Leningrad 1953.

WASSOJEWITSCH, N. B., I. W. WYSSOZKI, A. N. GUSSEWA & W. B. OLENIN: Die Kohlenwasserstoffe in der sedimentären Hülle der Erde. – Westn. MGU, ser. IV, geol., 5 (1967).

Fraktionierung der Kohlenstoffisotope durch mikrobiologische Prozesse in der biochemischen Zone[1]

W. C. LEBEDEW, W. M. OWSJANNIKOW, G. A. MOGILEWSKIJ & W. M. BOGDANOW, UdSSR

Wenn wir betrachten, wie sich die Kohlenwasserstoffe verschiedener Herkunft durch die Isotopenverteilung ihres Kohlenstoffs unterscheiden, dann können wir drei Gruppen ausgliedern, die in Tab. 1 angegeben sind. Weitere Untersuchungen, die von uns (ALEKSEJEW u. a. 1967, OWSJANNIKOW 1968, OWSJANNIKOW u. a. 1967) und anderen Forschern, z. B. E. M. GALIMOW, durchgeführt werden, bestätigen diese Vorstellungen.

Die Bildung von Kohlenwasserstoffen mit einem bestimmten Isotopengehalt wird durch die vorherrschenden physikochemischen oder biologischen Prozesse bestimmt. Bei der ersten Gruppe bestehen die grund-

Tabelle 1

Art der Gase	Isotopengehalt δC^{13} %
Magmatische, Fumarolen, heiße Quellen	−0,5 bis −3,0
Erdöl- und Gaslagerstätten	−3,0 bis −5,5
Gase bakterieller Entstehung, biochemische Gase	−5,0 bis −8,0

Eingang des Manuskripts in der Redaktion: 2. 9. 1969.

[1]) UNII für nukleare Geophysik und Geochemie, Moskau.
Als Vortrag gehalten auf dem Berg- u. Hüttenmännischen Tag, Freiberg 1969, Sektion Geowissenschaften.
Übers.: Dr. R. MEINHOLD, Dipl.-Geol. W. RASEMANN.

legenden physikochemischen Prozesse, die einen solchen Isotopengehalt in den Kohlenwasserstoffen herbeiführen, in Isotopenaustauschreaktionen CO_2—CH_4. Vielfach tritt auch ein kinetischer Isotopeneffekt auf, der z. B. zur Bildung der schweren KW in der Chibinetundra führte (ALEKSEJEW u. a. 1967).

Für die zweite Gruppe, die KW der Erdöl- und Erdgaslagerstätten, sind auch physikochemische Prozesse vorherrschend. Sie führen zur Bildung von KW mit einem Isotopengehalt δC^{13} von —3,0 bis —5,5%. Es ist ein kinetischer Isotopeneffekt, bewirkt durch die katalytische Zersetzung von organischer Materie.

Das Hauptgewicht unseres Vortrags legen wir auf die dritte Gruppe, die KW biochemischer Herkunft. Diese leiten sich aus der Zersetzung organischer Stoffe ab, hauptsächlich als Ergebnis der Lebenstätigkeit von Mikroorganismen.

Besonders intensiv sind diese Prozesse in den oberflächennahen Schichten. Unter diesen Bedingungen bilden sich KW, vorwiegend Methan, mit hauptsächlich isotopisch leichtem Kohlenstoff.

Die biochemische Zone der Zersetzung von organischen Stoffen geht allmählich in die katalytische Zone über. Die Mächtigkeit der biochemischen Zone wird von den konkreten geologischen Bedingungen bestimmt. Sie reicht etwa bis zu einer Teufe von 1100 bis 1300 m (Stawropol, Krimsteppe, Vorkaspisenke).

Unter oberflächennahen Bedingungen entstehen bei biochemischer Zersetzung der organischen Materie riesige Mengen an biochemischen Gasen, so daß im Boden jährlich ca. $13{,}5 \cdot 10^{10}$ t CO_2 (SOKOLOW 1948), $2{,}7 \cdot 10^8$ bis $3 \cdot 10^8$ t CH_4 (SOKOLOW 1948, KOYAMA 1963) und $1{,}8 \cdot 10^4$ t H_2 (KOYAMA 1963) entstehen.

Unter günstigen geologischen Bedingungen können die Gase in wirtschaftlichen Mengen akkumuliert werden (z. B. die Gaslagerstätten Japans, Italiens, einige Gaslagerstätten der UdSSR und die Gasakkumulationen in Moränensedimenten). Eine wichtige Besonderheit der Kohlenwasserstoffgase biogener Entstehung ist die starke Anreicherung mit leichten Kohlenstoffisotopen

Tab. 2. Isotopengehalt von Kohlenwasserstoffgasen biochemischer Herkunft in jungen Schichten

Art, Herkunft	Isotopengehalt δC^{13}% gegen PDB	Autor
Sumpfgase, UdSSR	−5,2 bis −7,4	
Sumpfgase, USA	−5,72 bis −8,02	OANA u. a. 1960
Gasaustritte aus dem Staudamm eines Wasserkraftwerkes, UdSSR	−5,8 bis −6,6	
Gase aus gasbildenden Untergrundschichten, Koshelewka, Ukraine	bis −7,4	
Glaziale Moränen, USA	−7,16 bis −8,44	WASSERBURG u. a. 1963
Moränengase, Leningrader Gebiet	−6,84 bis −10,0	z. T. DYBROWA 1968
Gaslagerstätten Japan, Quartär und Tertiär	−6,55 bis −7,47	NAKAI 1960
Tertiärschichten des nördlichen Voraralgebietes, UdSSR	−6,36 bis −7,21	GALIMOW 1963
Gelöste Gase in Apscheron-Schichten, Vorkaspisenke (Olejnikowka)	bis −8,4	

Tab. 3a. Isotopenfraktionierung durch bakterielle Methanoxydation

	Isotopenv. KW δC^{13} % (PDB)		
	1964	1965	1966
Ausgangsgas CH_4	−4,3	−4,2	
CH_4 nach Oxydation	−3,8	−4,0	
Fermentations-CO_2 nach Oxydation des CH_4	−	−2,5	

Tab. 3b. Isotopenfraktionierung durch Bakterien bei Propanoxydation

	δC^{13} % (PDB)		
	1964	1965	1966
Propan, Ausgangsgas	−4,2	−4,2	−3,48
Propan, nach Oxydation	−3,5	−3,3	−3,07 bis −3,26
Fermentations-CO_2			−3,02

im Vergleich zu Kohlenwasserstoffen der Erdöl- und Erdgaslagerstätten. Deshalb sprachen wir bereits 1964 (LEBEDEW 1964) die Vermutung aus, daß junge, nicht tief liegende Gasvorkommen mit leichten Kohlenstoffisotopen angereichert sein müssen, was sich inzwischen bestätigt hat (GALIMOW 1963). Die Kohlenstoffisotopenzusammensetzung der Kohlenwasserstoffe ist offenbar das Hauptkriterium zur Unterscheidung biochemischer Gase. In Tab. 2 sind verallgemeinerte Daten für die Kohlenstoffisotopenzusammensetzung der Gase biochemischer Entstehung angeführt.

Die Ursachen der Anreicherung dieser Gase mit leichten Kohlenstoffisotopen in den Kohlenwasserstoffen ist noch nicht klar, aber sie hängen irgendwie mit der Lebenstätigkeit der Bakterien zusammen. Wir haben diese Frage in der Vergangenheit eingehender untersucht. Es ist nur zu bemerken, daß die Anreicherung mit leichten Isotopen entweder mit einer selektiven Fähigkeit der Bakterien zusammenhängt, oder die bakteriellen Prozesse sind Katalysatoren für die Isotopenaustauschreaktion CO_2—CH_4.

Die methanbildende Tätigkeit der Bakterien ist wohl der entscheidende Prozeß der biochemischen Zone, aber es sind auch die kohlenwasserstoffoxydierenden bakteriellen Prozesse, besonders unter Oberflächenbedingungen, nicht zu vergessen. Die Entwicklung und Wechselwirkung der methanbildenden und kohlenwasserstoffoxydierenden Bakterien finden unter einem bestimmten Milieu statt: Die ersten, anaeroben, entwickeln sich unter Reduktionsbedingungen; die zweiten, aeroben, Bakterien brauchen zur Entwicklung freien Sauerstoff.

Die Oxydationsprozesse der Kohlenwasserstoffe können die Kohlenstoffisotopenzusammensetzung der Kohlenwasserstoffe beträchtlich verändern. Um die Isotopeneffekte bei der Oxydation der Kohlenwasserstoffe durch Bakterien bestimmen zu können, haben wir sowohl Labor- als auch Felduntersuchungen durchgeführt.

In Tab. 3 sind die Resultate einiger Versuchsserien (nach Jahren) über Methan- und Propanoxydation durch Bakterien angeführt. Die Versuche wurden mit einer konzentrierten Kultur methanoxydierender Bakterien mit der vorherrschenden Art *Pseudomonas methanica* in einer Luft-Methan-Atmosphäre (1 Teil Methan und 4 Teile Luft) und *Mycobakterium flavum* var. *propani-*

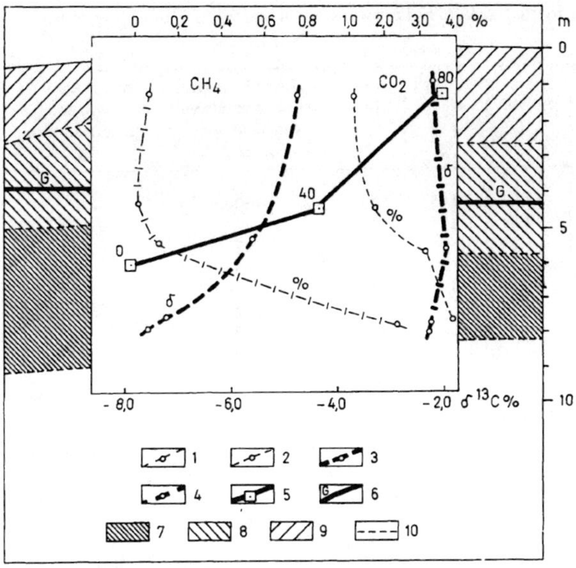

Abb. Ergebnisse der Flachbohrung 1, Koshelewka

1 – Gehalt an Methan; 2 – Gehalt an CO_2; 3 – Isotopengehalt CH_4; 4 – Isotopengehalt CO_2; 5 – Bakterienentwicklung. Oxydierer; 6 – Grundwasser; 7 – Bildungszone CH_4; 8 – Übergangszone; 9 – Oxydation CH_4; 10 – Zonengrenzen

cum in einer Luft-Propan-Atmosphäre (1 Teil Propan und 5 Teile Luft) durchgeführt.

Die Experimente zeigten eine Abnahme der leichten Kohlenstoffisotope im Methan und Propan nach der Oxydation. Die Bakterien reichern die Methan- und Propanmoleküle mit leichten Kohlenstoffisotopen bevorzugt an. Es ist vorläufig schwer, mit Bestimmtheit zu sagen, welchen Charakter diese Fraktionierung trägt. Entweder handelt es sich um eine Fraktionierung durch Diffusion, oder sie erfolgt durch eine Kette biochemischer Reaktionen.

Eine ähnliche Erscheinung, aber in größeren Maßstäben, haben wir bei der Untersuchung der Kohlenstoffisotopenzusammensetzung der Untergrundgase der Koshelewka-Struktur (UdSSR) entdeckt. Nach den Ergebnissen der Strukturbohrungen wurden im genannten Gebiet keine merklichen Kohlenwasserstoffakkumulationen entdeckt. Aber bei einer gasgeochemischen Aufnahme in flachen Bohrungen (bis 15 m) wurden beträchtliche Methankonzentrationen bemerkt.

Bei Feldbeobachtungen konnte festgestellt werden, daß die Methankonzentrationen in Schichten schwarzer Tone mit violetter Schattierung, die reich an organischer Substanz sind (bis 2%), besonders hoch waren. Die Mächtigkeit der Tone betrug im Durchschnitt ca. 2 bis 3 m, die Lagerungstiefe 7,0 bis 7,5 m. Den Ton unterlagert ein grobkörniger Schwimmsand, der praktisch keine Kohlenwasserstoffe enthält. Über den Tonen liegen Lehme und Feinsande in verschiedenem Grad der Oxydation. Im Profil ändert sich nach oben die Farbe von braun nach hellgelb und rostrot (Abb.). In dem schematischen Profil sieht man die Daten über den Gehalt der KW an Kohlenstoffisotopen und die Entwicklung methanoxydierender Bakterien in der Bohrung 1.

Klar kann man die einsinnige Zunahme des Methangehalts mit der Tiefe erkennen. Die höchsten Konzentrationen finden sich in der Zone der Methanbildung, in den dunklen Tonen von 7 bis 7,5 m. Der Isotopengehalt des Kohlenstoffs des Methans ist in dieser Tiefe δC^{13} $-7{,}2$ und $-7{,}4$, was sie als Gase bakterieller Herkunft kennzeichnet. In den höherliegenden Horizonten erkennt man nicht nur eine eindeutige Abnahme des Methangehalts, sondern auch eine Veränderung des Kohlenstoffisotopengehalts des Methans:

in der Tiefe 6,0 m $\delta C^{13} = -5{,}84$,

in der Tiefe 1,5 m $\delta C^{13} = -4{,}80$.

Noch bedeutender ist die Anreicherung an C^{13} im Methan, das aus den Schichten der Bohrung 2 gewonnen wurde:

$$\delta C^{13} = -3{,}00.$$

Diese Erscheinung wurde von uns zuerst entdeckt und findet sich nicht in den Arbeiten anderer Forscher. Eine der möglichen Ursachen für die Anreicherung des Methans in den Schichten des Untergrunds mit dem Isotop C^{13} ist die bakterielle Oxydation des Methans. Die Erhöhung des Gehalts an C^{13} im Methan im Profil nach oben korreliert gut mit der Intensität der Verbreitung methanoxydierender Bakterien in den entsprechenden Schichten. Das meiste „schwere Methan" findet sich in den Zonen mit intensiver Zersetzung durch methanoxydierende Bakterien. Das sich bildende Kohlendioxid führt zur Bildung sekundärer Karbonate mit hohem Gehalt an leichtem Isotop C^{12}. Der Isotopengehalt des Kohlenstoffs der Oxydationsprodukte der KW findet sich in Tab. 4.

Die Veränderung der Isotopenzusammensetzung des an Methan gebundenen Kohlenstoffs, wie sie in den tieferen Bodenschichten der Struktur Koshelewka festgestellt wurde, spiegelt wahrscheinlich in gewisser Weise das Gesamtverhalten der Kohlenstoffisotope in den Kohlenwasserstoffen der Verwitterungszone wider. Bei der Interpretation von Isotopenuntersuchungen in oberflächennahen Schichten muß man neben der Methanerzeugung auch die Möglichkeit einer Oxydation durch Bakterien berücksichtigen. Nur eine allseitige Betrachtung ermöglicht eine richtige Interpretation der Daten. Das betrifft in erster Linie die Entwicklung geochemischer Methoden zur Suche von Erdöl und Erdgas. So könnte man z. B. allein aus der Tatsache, daß Bodengase Methan mit einem Kohlenstoffisotopenanteil von δC^{13} von $-3{,}0$ bis $-5{,}0$ enthalten, ohne zusätzliche Hinweise schlußfolgern, daß diese Gase Migrationsprodukte aus tieferliegenden Lagerstätten darstellen; denn diese Isotopenzusammensetzung des Kohlenstoffs ist ähnlich der für Kohlenwasserstoffgase aus Erdöl- und Erdgaslagerstätten.

Auf der Struktur Koshelewka könnte man auch ohne Isotopenuntersuchungen eine bakterielle Entstehung des Methans annehmen. Jedoch geben die ermittelten Isotopeneffekte die Möglichkeit, in Zweifelsfällen biochemisch bedingte Gasanomalien sicher zu erkennen.

Zum Abschluß sei darauf hingewiesen, daß man zwischen primären und sekundären Isotopeneffekten unterscheiden muß.

Primäre Isotopeneffekte bestehen darin, daß Kohlenstoffverbindungen mit einer ganz bestimmten Isotopenzusammensetzung neugebildet werden. Als Beispielfälle gehören in diese Kategorie die Erzeugung

Tab. 4. Anteile und Isotopenzusammensetzung des Kohlenstoffs in den freien kohlenwasserstoffhaltigen Bodengasen im Gebiet von Koshelewka (Ukraine)

Nr. der Bohrung	Probenahmetiefe m	Art der Ablagerung	CO_2-Gehalt Summen-%	CH_4-Gehalt Summen-%	δC^{13} im CO_2 %	δC^{13} im CH_4	$C_{Karbonat}$ %	$C_{org.}$ %	Verteilung der methanoxydierenden Bakterien Summen-%	Menge an biochemisch entstandenem Methan %
3	1,5	Sand, gelblich	2,00	0,034	–	– 3,0	0,36	0,12	80	0,0612
1	1,5	gelber Sand	1,10	0,090	– 2,84	– 4,80	0,08	0,08	80	0,1172
1	4,5	sandiger grauer Ton	1,60	0,035	– 2,34	– 5,85	–	–	40	0,0486
1	6,0	sandiger grauer Ton	2,90	0,130	– 2,16	– 5,84	Spuren	1,90	0	–
1	7,5	dunkler dichter Ton	3,80	1,880	– 2,30	– 7,20	0,83	1,97	0	–
15	3,0	gelber Sand	1,30	0,0015	–	–	–	–	0	–
15	4,5	grauer toniger Sand	2,90	0,0037	–	–	–	Spuren	0	–
15	7,5	grauer toniger Sand	1,60	0,0220	–	–	–	–	0	–

von Methan unter Mitwirkung von Bakterien, die Entstehung von Kohlenwasserstoffen aus organischem Material unter dem Einfluß von Katalysatoren, die Bildung von Kohlenwasserstoffen bei verschiedenen physikochemischen Vorgängen u. a.

Sekundäre Isotopeneffekte äußern sich in einer Veränderung der Isotopenzusammensetzung bereits vorhandener Kohlenstoffverbindungen. Diese Veränderungen können durch Isotopenaustauschreaktionen, Oxydation, Lösungsvorgänge, Migration und eine Reihe anderer Prozesse verursacht werden. So ist die Isotopenzusammensetzung des Methans am Ort der Entstehung auf der Struktur Koshelewka auf primäre Effekte zurückzuführen, und zwar auf die Wirkung von methanerzeugenden Bakterien. Die Kohlenstoffisotopenzusammensetzung des Methans in der Oxydationszone wird hingegen schon von sekundären Effekten beeinflußt, die durch die bakterielle Oxydation des Methans gesteuert werden.

Durch die Klassifizierung der Isotopeneffekte in „primär" und „sekundär" ist man in der Lage, die geochemische Geschichte bestimmter Verbindungen klarer zu verfolgen und eine wahre Interpretation der Isotopenuntersuchungen zu geben.

Schlußfolgerungen

Nach der Isotopenzusammensetzung des Kohlenstoffs werden drei genetische Gruppen von Kohlenwasserstoffen streng unterschieden:

1. Kohlenwasserstoffe, die auf magmatische Prozesse zurückzuführen sind (δC^{13} von $-0{,}5$ bis $-3{,}0$);
2. Kohlenwasserstoffe, die an Erdöl- und Erdgaslagerstätten gebunden sind (δC^{13} von $-3{,}0$ bis $-5{,}5$);
3. Kohlenwasserstoffe biochemischer Herkunft (δC^{13} von $-5{,}0$ bis $-8{,}0$).

Die Kohlenwasserstoffe biochemischer Herkunft sind mit dem „leichten" Kohlenstoffisotop angereichert. Sie entstehen in Oberflächennähe bei der bakteriellen Zersetzung organischen Materials. Die Kohlenwasserstoffe werden aber nicht nur durch Mikroorganismen erzeugt, sondern auch durch solche oxydiert. Durch Labor- und Feldversuche ist bestätigt worden, daß Mikroorganismen bei der Oxydation bevorzugt leichte Isotopenmoleküle freisetzen, so daß die restlichen Kohlenwasserstoffe mit dem „schweren" Kohlenstoffisotop angereichert sind.

Der Einfluß bakterieller Prozesse sollte bei der Interpretation von Isotopenuntersuchungen in der Verwitterungszone unbedingt beachtet werden.

Zusammenfassung

Untersuchungen der Isotopenverteilung des Kohlenstoffs an Gasen junger Sedimente haben gezeigt, daß in Oberflächennähe die biologische Methanoxydation die Methanbildung, in einigen Metern Tiefe aber umgekehrt die biochemische Methanbildung überwiegt. Da die Produkte biochemischer Umsetzung mit leichtem Kohlenstoff angereichert sind, findet man in der Oxydationzone eine relative Anreicherung des schweren, in der Zone der Methanbildung aber die des leichten Kohlenstoffs im Methan der Bodengase.

Резюме

Исследования распределения изотопов углерода на газах более молодых осадков показали, что близко к поверхности преобладает биологическое окисление метана над образованием метана, а на глубине в несколько метров, наоборот, преобладает биохимическое образование метана. Так как продукты биохимических реакций обогащены легким углеродом, в зоне окисления находят сравнительное обогащение тяжелого углерода, а в зоне образования метана — сравнительное обогащение легкого углерода в метане почвенных газов.

Summary

From studies of the isotopic distribution of carbon in gases of younger sediments results that near the surface the biological oxidation of methane prevails over the formation of methane, but, conversely, that the biochemical formation of methane prevails at a depth of some few metres. As the products of biochemical reaction are enriched with light carbon, there is a relative enrichment of heavy carbon in the zone of oxidation, and of light carbon in the zone of methane formation in the methane of soil gases.

Literatur

ALEKSEJEW, F. A., W. S. LEBEDEW, T. A. KRYLOWA, W. M. OWSJANNIKOW & A. W. GRATSCHEW: Isotopengehalt des Kohlenstoffs natürlicher Kohlenwasserstoffe und einige Fragen ihrer Genese. – ONTI WNIIJAGG (1967).

DYBROWA, N. W., & Z. I. NESMELOWA: Isotopengehalt des Kohlenstoffs von Methan im Erdgas. – Geochimija, 9 (1968).

GALIMOW, E. M.: Isotopengehalt von kohlenstoffhaltigen Gasen in der Erdkruste. – Isw. AN SSSR, ser. geol., 5 (1963).

KOYAMA, T.: Gaseous metabolism in lake sediments and paddy soils and the production of atmospheric methane and hydrogen. – Journ. Geophys. Res., 68, 13, 3971–3983 (1963).

LEBEDEW, W. S.: Isotopengehalt des Kohlenstoffs in Erdöl und Gasen. – Geochimija, II (1964).

MOGILEWSKIJ, G. A.: Gemeinsame Interpretation von Gas- und mikrobiologischen Indikationen für die Suche nach Erdöl und Gas. Sbornik: Direkte Methoden für die Suche nach Öl und Gas. – WNIIJAGG, Nedra (1964).

NAKAI, N.: Carbon isotope fractionation of natural gas in Japan. – Journ. Earth Sci., Nagoju Univ., 8, 174 (1960).

OANA, S., & E. DEEVEY: Carbon-13 in lake waters and its possible bearing on palaeolimnology. – Amer. Journ. Sci., 258A, 253–272 (1960).

OWSJANNIKOW, W. M.: Mikrobiologische Fraktionierung der Isotope und Isotopengehalt des Kohlenstoffs der Gase biochemischer Herkunft. – Trudy WNIIJAGG, vyp. 4, 272–289, Nedra (1968).

OWSJANNIKOW, W. M., & W. S. LEBEDEW: Isotopengehalt des Kohlenstoffs in Gasen biochemischer Herkunft. – Geochimija, 5 (1967).

SOKOLOW, W. A.: Abriß über Erdölgenese. – Gostoptechisdat (1948).

WASSERBURG, G., E. MAZOR & ZARTMAN: Isotopic and chemical composition of some terrestrial natural gases. – Earth Science and Meteorites, 219–240, Amsterdam 1963.

Zeitschrift für angewandte Geologie, Bd. 15 (1969), Heft 12

Der Hohlrauminhalt Wasser

Betrachtungen zu seinen Veränderungen, Bewegungen und zu seinem Einfluß auf die Lagerstättenbildung aus hydrogeologischer Sicht[1])

Gerald Milde, Freiberg (Sa.)

(Sektion Geowissenschaften der Bergakademie Freiberg, Lehrstuhl für Hydrogeologie, Sektionsveröffentlichung Nr. 56)

1. Einleitung

Wenn der Versuch unternommen wird, einen Einblick in die komplexe geowissenschaftliche Analyse der Sedimente im Hinblick auf die Lagerstättengenese zu nehmen, so darf bei dieser Analyse die Betrachtung des Hohlrauminhalts Wasser nicht vergessen werden. Die hydrogeologische Analyse dieses Wassers erfordert die Berücksichtigung einer Zweiseitigkeit.

Das vadose unterirdische Wasser erlangt eine seiner wesentlichsten Bedeutungen durch den Umstand, daß es eigene Lagerstätten — Grundwasserlagerstätten — bildet. Daneben beeinflußt es in unterschiedlichem Maße die Bildung, die Erhaltung und die Zerstörung sedimentärer epigenetischer Lagerstätten anderer geologischer Nutzstoffe.

Die zusammenfassende Betrachtung des Hohlrauminhalts Wasser, sowohl aus der Sicht der Suche nach Grundwasserlagerstätten für Versorgungszwecke als auch aus dem Blickwinkel der Suche von Lagerstätten anderer geologischer Nutzkomponenten, beginnt sich erst in den letzten Jahren durchzusetzen. Bisher konnten im internationalen Maßstab die Schulen der Wasserversorgungshydrogeologie, der Kohlenwasserstoffhydrogeologie, der Erzhydrogeologie und schließlich noch der Ingenieurhydrogeologie unterschieden werden. Die Synthese aller bietet besonders im Stadium der ersten Gebietsuntersuchungen die Möglichkeit einer umfassenden und komplexen Betrachtungsweise, die den zunehmend komplizierter werdenden Suchbedingungen gerecht werden kann.

Die auch mit den hydrogeologischen Forschungen in der DDR anzustrebende Zielstellung sollte darin bestehen, regionale geologische Großeinheiten umfassend und komplex hydrogeologisch zu untersuchen, um eine Vororientierung für den Gesamtbereich der Hydrogeologie sowohl für die Wasserversorgung als auch für die übrigen Gebiete zu erreichen. Nach einer derartigen komplexen Vororientierung kann die fachbegrenzte, vertiefende Untersuchung einsetzen. Es erscheint dem Autor notwendig, darauf hinzuweisen, daß eine derartige komplexe Betrachtungsweise des Hohlrauminhalts Wasser auch bei kleinmaßstäblichen großregionalen Voruntersuchungen heute im Gebiet der DDR noch nicht üblich ist. Die nächsten Jahre sollten dazu dienen, dieses Ziel zu erreichen. Die eindeutigen Vorteile bestünden in der Vermeidung von Doppelarbeit durch erschöpfende Betrachtungsweise, in der Möglichkeit der gegenseitigen Befruchtung der Teildisziplinen und der dadurch bedingten Weiterentwicklung.

2. Hydrogeologische Aufgaben und Probleme im Bereich von Grundwasserlagerstätten

Bewegung und Erneuerung

Da sich Grundwasserlagerstätten, die für Wasserversorgungszwecke nutzbar sind, im allgemeinen im Bereich des unbehinderten hydrodynamischen Wasseraustauschs finden, ist die Grundwasserbewegung ein typisches Charakteristikum derartiger Lagerstätten.

Ein Schwerpunkt der Forschungen zu Problemen der Grundwasserbewegung liegt in dem Bereich der Grundwasserneubildung. Es wird angestrebt, daß mit Hilfe einer Ausgliederung und Abgrenzung von Ernährungsgebieten, einer Analyse der in diesem Raum herrschenden Versickerungsfreundlichkeit und der bestehenden klimatischen Verhältnisse eine quantitative Ermittlung des Grundwasserdargebots möglich wird. Vielfältige Forschungen zu diesem Komplex haben gezeigt, daß zwischen den klimatischen, geologischen und hydrogeologischen Faktoren kompliziertere Zusammenhänge herrschen, als ursprünglich angenommen. Im Mittelpunkt des Interesses stehen dabei Erkenntnisse, die zeigen, daß die grundwasserernährende Sickerspende eines Sedimenttyps nicht eine Funktion des Niederschlags ist, sondern funktionell von der Differenz zwischen Niederschlag und einem Zehrgrößenkomplex — in erster Linie der Verdunstung — abhängt.

Veränderung des Lagerstätteninhalts

Die natürlichen Veränderungen der für Wasserversorgungszwecke bedeutsamen Lagerstätten — im allgemeinen klimatisch bedingt — sind ausgeglichen.

Die wichtigsten kurzzeitig wirkenden gerichteten Veränderungen — anthropogenen Einwirkungen entstammend — sind meist Grundwasseroberflächensenkungen (gelegentlich Hebungen) und Grundwasserkontaminationen.

Hydrogenie — Gesetzmäßigkeiten der Grundwasserlagerstättenbildung

Die einleitend geforderte, alle Teilerkenntnisse integrierende komplexe Betrachtungsweise aller mit dem unterirdischen Wasser zusammenhängenden hydrogeologischen Fragestellungen, ganz gleich welcher hydro-

Eingang des Manuskripts in der Redaktion: 7. 8. 1969.

[1]) Gekürzte Fassung eines Übersichtsvortrags, gehalten während des Berg- und Hüttenmännischen Tags der Bergakademie, Reihe „Geowissenschaftliche Analyse der Sedimente in Hinsicht auf die Lagerstättengenese", Freiberg, Juli 1969.

geologischen Spezialdisziplin sie entstammen, erfordert eine hydrogenetische Betrachtungsweise in Analogie zur metallogenetischen Arbeitsmethodik. Die allgemeine Aufgabenstellung der Hydrogenie kann in der Klärung aller Gesetzmäßigkeiten, die zur Bildung von Grundwasserlagerstätten, von Grundwasserlagern und von Konzentrationen unterirdischen Wassers führen, gesehen werden. Danach könnte allgemein definiert werden: „Die Hydrogenie ist die Wissenschaft von den Gesetzmäßigkeiten der Entstehung und Bildung von Konzentrationen unterirdischen Wassers in Raum und Zeit.“ Die gravierende Betonung wird dabei allerdings auf der Klärung der Gesetzmäßigkeiten, der Entstehung und Bildung von Grundwasserlagerstätten in Raum und Zeit liegen (Abb.). Hervorhebenswert ist, daß die hydrogenetische Analyse die gesamte geologisch-hydrologische Entwicklung vor, während und nach der Lagerstättenbildung berücksichtigen muß. Die Anerkennung dieser Forderung führt zu verschiedenen modernen Arbeitsrichtungen, wie z. B. der Paläohydrogeologie, auf deren Bedeutung noch einzugehen ist.

Für die praktische Durchführung empfehlen sich entweder regionale hydrogenetische Analysen oder aber die Verbindung hydrogenetischer Untersuchungen mit hydrogeologischen Kartierungen. Da die Bearbeitung der hydrogeologischen Übersichtskarte der DDR im Maßstab 1:200000 zu einem Zeitpunkt abgeschlossen wurde, als die Notwendigkeit hydrogenetischer Betrachtungsweise noch nicht Allgemeingut der Bearbeiter war, kann vorläufig die Übersichtskartierung für diese Zwecke nicht eingeschaltet werden.

Da wir in der DDR zur Zeit mit Studien die durchgängige hydrogeologische Spezialkartierung wissenschaftlich vorbereiten, bietet sich hier die erste Möglichkeit zur Durchführung regionaler hydrogenetischer Analysen. Schon ökonomische Erwägungen beschränken aber derartige hydrogenetische Analysen im Rahmen der hydrogeologischen Spezialkartierung auf den Bereich der Grundwasserlagerstätten für Versorgungszwecke. Eine Hydrogenie der Grundwasserlager und der Konzentrationen unterirdischen Wassers sowie der Grundwasserlagerstätten für andere Nutzungszwecke sollte im Rahmen von Neuauflagen der hydrogeologischen Übersichtskartierung oder besser innerhalb von eigenen Studien, die größere regionale hydrogeologische Einheiten in der DDR umfassen, durchgeführt werden.

Die praktisch bedeutungsvollste Anwendung findet die Hydrogenie gegenwärtig im Bereich der Grundwasserprognose, einer zukünftigen Schwerpunktaufgabe auch für die DDR. Zwischen Hydrogenie, Grundwasserprognose und Spezialkartierung bestehen Zusammenhänge, die zur Zeit nach Auffassung des Verf. noch nicht ausreichend beachtet werden. Die gegenwärtige wissenschaftliche Vorbereitung der durchgängigen Spezialkartierung erfordert dringlich die Berücksichtigung hydrogenetischer Gesichtspunkte. Den bisherigen Äußerungen zur hydrogeologischen Spezialkartierung (GLANDER 1969) ist zu entnehmen, daß im Rahmen der hydrogeologischen Spezialkartierung alle Primärinformationen so gesammelt und dargestellt werden, daß beliebige regionale Einblicke entsprechend dem Maßstab ermöglicht werden. Wenn auch der Autor die Auffassung vertritt, daß die Sammlung und regional durchgängige Interpretation von hydrogeologischen Primärinformationen für eine moderne hydrogeologische Spezialkartierung nicht ausreichen, sondern das Ziel verfolgt werden sollte, einen fixen wirtschaftlichen Aussagegrad zu erreichen (z. B. zumindest die Ausgliederung prognostischer Vorräte), so ist hierüber zur Zeit keine Diskussion erforderlich, da prognostische Ermittlungen, auch auf die Spezialkartierung aufbauend, durchgeführt werden können.

Im Hinblick auf das wichtigste Ziel der Hydrogenie der Grundwasserlagerstätten, eine gesicherte Grundwasservorratsprognose zu ermöglichen, erscheinen z. Z. fundierte wissenschaftliche Diskussionen sinnvoll. Bereits im Vorjahr wurde auf der geologischen Prognosetagung in Leipzig darauf hingewiesen, daß die Entwicklung in der DDR eine systematische prognostische Erfassung aller volkswirtschaftlich interessanten Grundwasserlagerstätten bis zur Jahrtausendwende erfordert (MILDE & WEDER 1969). In diesem Zusammenhang erscheint die bisherige Betrachtung der Grundwasservorratsprognose als nicht ausreichend (ZIESCHANG 1964, 1965, 1969; SCHLINKER 1966). Diese wissenschaftliche Voraussage von Grundwasservorräten (ZIESCHANG 1966) kann durch Auswertung aller direkten und abgeleiteten Informationen bei einem allgemein günstigen geologischen Erkundungsgrad durch die Erzielung eines fortgeschrittenen Erforschungsgrades manche Erkundungsstadien sehr reduzieren oder sogar ersetzen (WEDER 1967). Diese durch eine umfassende Grundwasserprognose möglich erscheinende Einsparung volkswirtschaftlicher Erkundungsmittel erscheint bei einem günstigen Informationsstand außerordentlich lohnenswert. Aus diesem Grunde hält der Autor für empfehlenswert, von der bisherigen Praxis der Anfertigung von Grundwasservorratsprognosen im Anschluß an die hydrogeologische Übersichtskartierung abzugehen und die Grundwasservorratsprognose erst nach der Fertigstellung von hydrogeologischen Spezialkartierungen in größeren regionalen Einheiten vorzusehen. Damit wird zwar der Aufwand für die Prognose wesentlich vergrößert, aber ihr Aussagewert und damit gleichzeitig auch ihr Ersatzwert für volkswirtschaftliche Erkundungsaufwendungen außerordentlich gesteigert. Die Grundwasservorratsprognose umfaßt dann stets eine hydrogenetische Analyse der Grundwasserlagerstättensituation im betrachteten Raum. Neben der Auswertung aller geologisch-hydrologischen und in der Synthese dann hydrogeologischen Primärinformationen muß sich eine derartige hydrogenetische Synthese besonders auch der Auswertung von abgeleiteten Informationen widmen. Es wurde bereits früher darauf hingewiesen (MILDE & WEDER 1969), daß auch für wenig erschlossene Teilräume Aussagen möglich sind, wenn aus großregionalen Analysen Erkenntnisse hohen Abstraktionsgrades entwickelt und angewandt werden.

Es ist eine möglichst umfassende Auswertung aller Unterlagen mit Hilfe von Methoden der Datenverarbeitung und unter Benutzung statistischer Verfahren anzustreben. Die ermittelten Werte, z. B. Dargebotsgrößen, sollten relativen Kontrollen z. B. durch Korrelation zwischen dem spezifischen Versickerungswert und der Flußdichte sowie absoluten Kontrollen — in diesem Falle über die Oberflächenabflüsse während extremer Trockenperioden — unterzogen werden. Gerade im Bereich des unbehinderten Wasseraustauschs

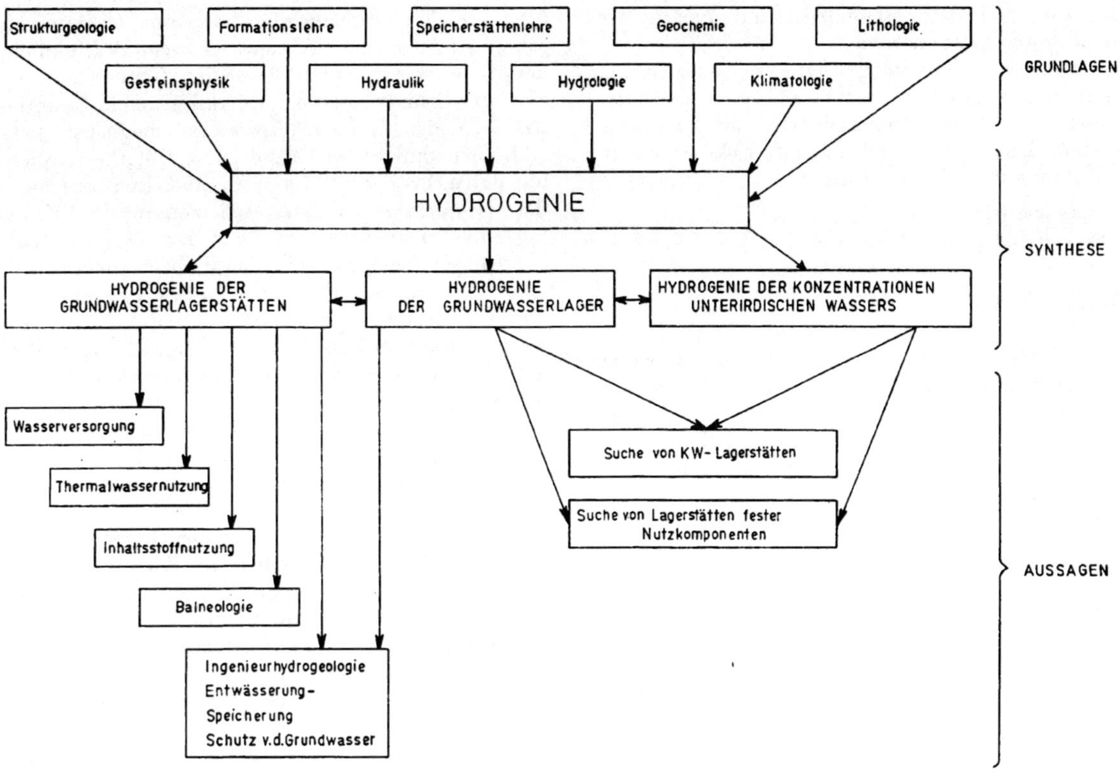

Abb. Systemskizze Hydrogenie

können eingehende Korrelationsuntersuchungen zwischen dem Grund- und Oberflächenwasserabfluß wesentliche Hinweise liefern. Auswertungen der Gewässernetzdichte, der Formfaktoren oberirdischer und unterirdischer Einzugsgebiete, der Trockenwetterabflüsse und der langfristigen Grundwasserabflüsse in Oberflächenwässern, ermittelt nach NATERMANN, geben bedeutsame Einblicke in die Grundwasservorratsverhältnisse, wie z. B. auch besonders das Grundwasserspeichervermögen. Gelingt der Versuch, im Rahmen dieser Grundwasservorratsprognosen mit Methoden der Datenverarbeitung das gesamte äußerst umfangreiche grundwasserkundliche Unterlagenmaterial im weitesten Sinne eines Großraums zu erfassen und mit vertretbarem Aufwand zu verarbeiten, so können ermittelte Ergebnisse relativen, korrelativen und absoluten Kontrollen unterworfen werden. Statistische Untersuchungen sind daher sowohl bei der Betrachtung der quantitativen als auch qualitativen Grundwasserverhältnisse anzuwenden (SCHLINKER 1968). Besonders hinzuweisen ist jedoch bei der Empfehlung derartiger moderner Untersuchungsmethoden darauf, daß immer nur Grunddaten einer Grundgesamtheit für einen Bearbeitungsablauf verwandt werden (SCHLINKER 1966, 1968).

Die hydrogenetische Analyse zum Zwecke der Grundwasservorratsprognose kann durch eine paläohydrogeologische Betrachtung des Untersuchungsraums ergänzt werden. Hierdurch können Hinweise über die Genese gegenwärtig herrschender hydrogeologischer Lagerungsverhältnisse, über hydrogeologische und hydrochemische Parameter und vor allem über die zeitliche Variabilität dieser Bedingungen erhalten werden. Damit sind zusätzliche Hilfsmittel für die prognostische hydrogeologische Regionalanalyse und für Sucharbeiten auf Grundwasser erschlossen.

Grundwasserlagerstätten in extremen Teufenbereichen

Der Hohlrauminhalt Wasser bildet beim Vorliegen bestimmter hydrogeologischer, klimatischer und morphologischer Bedingungen Grundwasserlagerstätten im extrem oberflächennahen Bereich. Die Gesetzmäßigkeiten des Auftretens derartiger Lagerstätten sind recht einfach auf Grund der geringen Teufenbereiche und der häufig fehlenden oder geringmächtigen Bedeckung. In großen Teilen der DDR sind derartige Grundwasserlagerstätten mit wechselhaften Grundwasservorräten zu finden. Für Trinkwasserversorgungszwecke — oft wegen der hohen Kontaminationsgefahren und der häufig geringen spezifischen Quantitäten von untergeordneterem Interesse — werden diese Lagerstätten in den kommenden Jahrzehnten eine besondere Bedeutung für die Projekte der Hydromelioration erlangen. Sind es zur Zeit noch Aufgaben der Entwässerung in Gebieten zu hohen Grundwasserstands, so wird in den nächsten Jahren die Grundwassergewinnung aus diesen Lagerstätten für Bewässerungszwecke einen erstaunlichen Aufschwung erfahren. Eine bewässerungsbedürftige Fläche, die für die DDR mit ca. 1,5 Mill. ha angegeben wird, läßt die Nutzung dieser Grundwasserlagerstätten in den vordersten Interessenbereich treten. Der Inhalt dieser Grundwasserlagerstätten, seine Veränderungen, Bewegungen und dgl. sind eingehend zu erfassen, um die Bewässerungsziele mit niedrigstem Kostenaufwand zu realisieren.

Hydrogenetische Forschungen haben sich auch Grundwasserlagern in großen Teufenbereichen zuzuwenden. Die hier auftretenden mineralisierten bis hochmineralisierten Grundwässer können eine volkswirtschaftliche Nutzung ihrer Inhaltsstoffe

1. als Industrierohstoffe,
2. für balneologische Zwecke und
3. auch eine Nutzung ihres Wärmeinhalts

möglich machen.

Derartige Lagerstätten, zumeist im Bereich des behinderten oder des fehlenden Wasseraustauschs, weisen spezifische Bildungsbedingungen auf. Wegen der fehlenden oder außerordentlich geringen Erneuerungsfähigkeit ist hier im allgemeinen nur ein Abbau statischer Grundwasservorräte möglich. Geringe Durchlässigkeiten der Grundwasserleiter, hohe Ballastmineralisationen, große Lagerstättenteufen und die hohe Aggressivität derartiger Grundwasser schränken die Möglichkeiten der Nutzung derartiger Vorkommen ein. Nach umfassenden Auswertungen der rezenten hydrogeologischen Tiefenwasserverhältnisse erlangen paläohydrogeologische Studien eine hohe Bedeutung. Durch sie erscheint es möglich, höffige Bereiche für Grundwasserlagerstätten mit wirtschaftlich interessanten Nutzstoffanreicherungen auszugliedern.

3. Untersuchungen des Poreninhalts Wasser und seiner Speicher mit dem Ziel, Erkundungs- und Erschließungsarbeiten von Grundwasserlagerstätten effektiver zu gestalten

Modelle von Grundwasserlagerstätten

Die bei weitem hervorstechendste volkswirtschaftliche Bedeutung besitzt der Hohlrauminhalt Wasser auch in der Zukunft als Bildner von Lagerstätten von Versorgungsgrundwasser. Ihre gesamten Vorräte sind im allgemeinen Teil des Wasserkreislaufs und nehmen am natürlichen Abflußgeschehen teil. Um diese Grundwasservorräte optimal zu nutzen, erscheint es sinnvoll, Modelle von Grundwasserlagerstätten zu entwickeln und damit eine optimale Bewirtschaftung des natürlichen Grundwasserdargebots, oder auch im Falle von künstlichen Infiltrationen, des natürlichen und künstlichen Dargebots, vorzunehmen (BECKER 1968). Wegen des großen Aufwands und wegen des geringfügigen Erfahrungsumfangs wird sich eine derartige Modellbetrachtung vorerst auf Versuchsgebiete in industriellen Ballungsräumen beschränken. Auf den dann gewonnenen Erfahrungen aufbauend, die Hinweise über das Verhalten des betrachteten Systems liefern und Aussagen über die Anwendbarkeit verschiedener Modellvarianten ermöglichen, wird eine Übertragung auf eine Reihe bedeutsamer weiterer Grundwasserlagerstätten möglich sein. Voraussetzung für derartige Modellbetrachtungen ist die Bereitstellung von genauen Informationen über die Grundwasserlagerstätte, ihre Ernährungsbedingungen und ihr Abflußverhalten. Schwierigkeiten bei der Erarbeitung genügend genauer Informationen können unter Umständen derartige Vorhaben überhaupt in Frage stellen. Wesentliche Grundlagen sind Angaben über die Niederschlagsintensität (mit Niederschlagsschreibern zu gewinnen), kontinuierliche Bestimmungen der Bodenwasservorräte und des Grundwassergangs evtl. der Grundwasservorräte, ausreichende Kenntnisse der aktuellen Evapotranspiration, möglichst genaue Abflußganglinien des Grund- und Oberflächenwassers und dgl. mehr (BECKER 1968). Die Modelluntersuchungen des Grundwasserabflusses scheinen mit Hilfe von Systembetrachtungen, wie sie in der deterministischen Hydrologie Eingang gefunden haben, möglich. Derartige Systembetrachtungen erfordern Eingaben, z. B. die die Grundwasserlagerstätte ergänzenden Sickerwassermengen in ihrem zeitabhängigen Gang, und eine Verarbeitung der Eingaben (Transformierung), wobei die geologischen Verhältnisse (Speicherbau), die Vorratslage und das jeweilige Abflußverhalten als wichtige Größen zu nennen sind. Entsprechend den Eingaben und der Systemcharakteristik werden dann Ausgaben über natürliche Abflüsse, nutzbare Vorräte und dgl. möglich. Das Ernährungsgebiet der Grundwasserlagerstätte erhält seine Eingaben in Form von Niederschlägen. Der effektive, d. h. der das Grundwasser ernährende, Sickerwasseranteil wird durch die Grundwasserlagerstätte hindurchgeleitet und kommt schließlich im Bereich von Oberflächenwässern zum Abfluß. Die Mengencharakteristik dieses sich erneuernden Grundwasservorrats ist im wesentlichen abhängig von den Niederschlägen, von einem Zehrgrößenkomplex (s. o.) und von den inneren hydrogeologischen Eigenschaften der Grundwasserlagerstätte.

Die Grundwasserlagerstätten werden im allgemeinen nichtlineare Systeme darstellen, deren Antwortfunktionen sich in Abhängigkeit von den Eingabegrößen und von ihrer zeitlichen Reihung ändern. Derartige Betrachtungen würden aber vermutlich wegen des hohen Komplizierungsgrads nicht zum gewünschten Bearbeitungserfolg führen. Da die Grundprinzipien der linearen, zeitinvarianten Systeme bei einer Anzahl von hydrologischen Abflußbetrachtungen erfolgreich angewandt wurden, ist anzunehmen, daß auch Grundwasserlagerstätten in erster Näherung als solche betrachtet werden können (KRAIJENHOFF 1966). BECKER (1968) vertritt die Auffassung, daß eine wesentliche Komponente der meisten hydrologischen Prozesse nach den Gesetzen der linearen, zeitinvarianten Systeme beschrieben werden kann und daß man bei praktischen Arbeiten zunächst immer von diesen theoretisch gut durchforschten Gesetzmäßigkeiten ausgehen sollte. Die als Ziel der Systemuntersuchungen der Grundwasserlagerstätten gesuchte Impulsantwortfunktion des linearen Systems wird im allgemeinen nach Blackboxmethoden zu bestimmen sein, da für synthetische bzw. Modellkonzeptmethoden keine ausreichende Grundlage vorhanden zu sein scheint. Bei den Blackboxmethoden wird die Impulsantwortfunktion aus beobachteten Eingabe- und dazugehörigen Ausgabefunktionen auf der Grundlage des Faltintegrals bestimmt (BECKER 1966).

Analogiemodelle

Grundsätzlich andere Modellbetrachtungen des Hohlrauminhalts Wasser und seiner Speicherräume werden wesentliche Verbesserungen der hydrogeologischen Erkundungsmethodik ermöglichen. Es sind Analogiemodelle und dabei besonders Elektroanalogiemodelle, die neue Auswertungs- und Bearbeitungsmethoden erschließen. Der durch die bisher üblichen hydrogeologischen Meß- und Auswerteverfahren erreichbare Erkenntnisstand ist für eine optimale Erfassung der Grundwasservorräte allgemein nicht mehr ausreichend. Eine verstärkte Erkundungstätigkeit kann aus ökonomischen Gesichtspunkten diesem Mangel keine grundsätzliche Abhilfe schaffen. Mit Hilfe von Analogiemodellen ist man in der Lage, den Informationsgehalt hydrogeologischer Erkundungsarbeiten zu erweitern und analytisch nur beschränkt lösbare Aufgaben einer expliziten Auswertung zuzuführen.

Sonstige Untersuchungen zur Effektivitätssteigerung

Im Zusammenhang mit den Modellbetrachtungen und besonders im Hinblick auf die Übertragbarkeit von Erkenntnissen aus gut untersuchten Lagerstätten auf neue Erkundungsobjekte ist darauf hinzuweisen, daß unsere Untersuchungen zur Klassifikation der Grundwasserlagerstätten im Gebiet der DDR noch weitgehend unzureichend sind. Diese Mängel machen sich besonders auch bei der Voreinschätzung notwendiger Erkundungsmaßnahmen und Projektierungen des Erkundungsumfangs bemerkbar.

In diesem Zusammenhang muß auch mit besonderer Betonung auf die Wichtigkeit von Untersuchungen über die Variabilität der hydrogeologischen Parameter in den einzelnen Grundwasserlagerstättentypen hingewiesen werden. Derartige Variabilitätsuntersuchungen sind die Grundlage für alle Bearbeitungen zur Erkundungsoptimierung, vor allem auch zur Optimierung der Erkundungsabstände (MILDE 1966, 1968, MILDE-DAEMER 1969).

Für alle hydrogeologischen Erkundungen sehr bedeutsam, hier aber nur kurz zu streifen, sind die Methoden, mit Hilfe geophysikalischer Verfahren qualitative oder auch quantitative Aussagen zu den hydrogeologischen Lagerungsverhältnissen, den hydrogeologischen Parametern, der Grundwasserhydraulik und den Grundwasserqualitätsverhältnissen zu erhalten. Im Vordergrund stehen hier vor allem geophysikalische Bohrlochverfahren, von denen wesentliche Fortschritte bei der Steigerung hydrogeologischer Erkundungsergebnisse erwartet werden. Als neue Forschungsschwerpunkte sind hierbei besonders direkte Permeabilitätsmessungen in situ zu nennen. Für die Strukturerkundung deuten sich seismische Verfahren mit sprengstoffloser Energieanregung als erfolgversprechend an. Fortschritte bei der Bestimmung der Grundwasserqualität sind von Sonden zu erwarten, die Aussagen über die Temperatur, die Gesamtmineralisation, die Wasserstoffionenkonzentration, das Redoxpotential und die natürliche Radioaktivität gestatten.

Schließlich sollen noch direkte physikalische Untersuchungen des Hohlrauminhalts Grundwasser, sollen die physikalischen Altersbestimmungen an Grundwässern genannt werden, die z. T. schon bedeutende Aussagen bei Grundwasserlagerstättenerkundungen ermöglichten und von deren breiter Anwendung in der Zukunft wesentliche Fortschritte zu erhoffen sind. Für die Datierung des Grundwassers eignen sich besonders die radioaktiven Isotope Tritium mit einer Halbwertszeit von reichlich 12 Jahren und Kohlenstoff-14 mit einer Halbwertszeit von 5700 Jahren. Im Hinblick auf das Vorhandensein von Bombentritium ist zur Zeit nur die Kohlenstoff-14-Methode eine echte Datierung, die das Alter im Mehrfachen der Halbwertszeit bestimmt. Die Tritiummessungen können z. Z. als eine Art globaler Tracer-Versuch betrachtet werden (KNETSCH u. a. 1962, MILDE u. a. 1969, MÜNNICH 1968).

Auch aus dem Raum der DDR liegen die ersten Untersuchungsergebnisse mit Hilfe von Tritiumbestimmungen vor (MILDE u. a. 1969). Mit einer breiten Anwendung von Einzelbestimmungen des Tritiumgehalts können in vielen Erkundungsobjekten wesentliche Unklarheiten beseitigt werden. Bedeutende Fortschritte unseres Kenntnisstands von wichtigen Grundwasserlagerstätten sind aber erst zu erwarten, wenn wir uns entschließen, langjährige Versuchsreihen am Grundwasserinhalt verschiedener Grundwasserlagerstätten durchzuführen, die durch entsprechende Reihenbestimmungen am Niederschlag und vor allem auch am Oberflächenwasserabfluß zu ergänzen sind. Derartige Untersuchungsreihen und der durch sie gelieferte Einblick in den Abflußmechanismus unserer Grundwasserlagerstätten können auch eine besondere Bedeutung für die obenerwähnten Modelluntersuchungen an Grundwasserlagerstätten erhalten.

Während den Tritiumbestimmungen im Bereich der Wasserversorgungslagerstätten immer die wesentlichere Bedeutung zukommt, haben Kohlenstoff-14-Datierungen und Untersuchungen stabiler Isotope im Wasser mit ihren genetischen Deutungsmöglichkeiten eine hohe Bedeutung für tieferliegende Lagerstätten, für Lagerstätten, die für eine Wärme- und Inhaltsstoffnutzung in Frage kommen, sowie für hydrogeologische Sucharbeiten auf andere geologische Nutzkomponenten.

4. Der Hohlrauminhalt Wasser und sein Einfluß auf die Bildung, Erhaltung und Zerstörung von Lagerstätten anderer geologischer Nutzkomponenten

Bergmännische und Bohraufschlüsse wiesen bis in die größten bis heute erreichten Teufenbereiche das Vorhandensein von Wasser als Hohlraumfüllung nach. So können wir speziell im Bereich sedimentärer Lagerstätten mit einer Allgegenwart des unterirdischen Wassers in den Hohlräumen innerhalb technologisch beherrschbarer Teufenstufen rechnen. Die außergewöhnlich weite Verbreitung des unterirdischen Wassers macht es zu einem höchst bedeutsamen Einflußfaktor bei der Bildung, der Erhaltung und der Zerstörung von Lagerstätten. Die Möglichkeit der Migration von Kohlenwasserstoffen und Metallen in Wasser wurde bereits seit längerer Zeit erkannt und in den Suchmethoden der Hydogeochemie nutzbar gemacht. Die sich ausweitende Suche von Lagerstätten, die erst unter mächtiger Bedeckung zu erwarten sind, zwingt jedoch zur zusätzlichen weitgehenden Berücksichtigung der gegenwärtigen und früheren hydrogeologischen Verhältnisse. Einmal sind damit hydrogeologische Höffigkeitskriterien für das Auftreten mancher Lagerstätten erarbeitbar, vor allem aber sollen die Erkenntnisse der hydrogeologischen Untersuchungen dazu dienen, die hydrogeochemischen Erkenntnisse richtig zu deuten.

Während sich die Hydrogeologie der Wasserlagerstätten im allgemeinen nur dem Grundwasser widmet und dabei auch nur Grundwasser des rezenten oder höchstens subrezenten Infiltrationsregimes zu betrachten hat, sind die Aufgabenstellungen für hydrogeologische Sucharbeiten auf andere geologische Nutzkomponenten wesentlich umfassender. Sieht man von den selten auftretenden Gasen ab, so stellt das unterirdische Wasser die mobilste Phase im sedimentären Bereich des uns interessierenden Teufenintervalls dar. Saugspannungsunterschiede und die direkte oder indirekte Wirkung der Schwerkraft als hydrostatische bzw. geostatische Druckunterschiede geben zu außerordentlich umfangreichen Flüssigkeitsbewegungen Anlaß. Der durch diese Bewegungen verursachte Stoffumsatz kann wegen der relativ hohen Geschwindigkeiten in geologischen Zeiten außergewöhnlich großen Umfang erreichen. Für die hier notwendigen hydrogeologischen Untersuchungen sind also sowohl der Haftwasser- als auch der Grundwasserbereich und die dort auftretenden Bewegungen und Stoffumsätze zu betrachten. Weiterhin muß hervorgehoben werden, daß neben dem Infiltrationszyklus gerade auch der Sedimentationszyklus, d. h. die während der Sedimentation und Absenkung innerhalb der einzelnen hydrogeologischen Komplexe herrschenden hydrogeologischen Eigenschaften, von hervorragendem Interesse ist.

Das Studium der Wasserumsetzungen während geologischer Zeiträume, die Analyse von hydrogeologischen Verhältnissen während lang dauernder Sedimentationsetappen zeigen, daß die Hydrogeologie der Lagerstättensuche viel mehr als die Hydrogeologie der Wasserversorgungslagerstätten eine historische Hydrogeologie sein muß. Eingehende Betrachtungen führen zu dem Schluß, daß gerade die Untersuchung der wechselnden hydrogeologischen Verhältnisse während des Ablaufs geologischer Zeiten neben der rezenten Hydrogeologie eine wesentliche Grundlage für Sucharbeiten darstellt. Während die rezente Hydrogeologie mit Angaben über die heute vorliegenden Lagerungs-, Eigenschafts- und Strömungsverhältnisse eine komplexe Deutung hydrogeochemischer Erkenntnisse und auch die Ermittlung eigener hydrogeologischer, vor allem hydrodynamischer Suchkriterien ermöglicht, erlaubt die historische Hydrogeologie — die Paläohydrogeologie — die Rekonstruktion von Lagerstättenbildungs-, Erhaltungs- und Zerstörungsbedingungen während früherer geologischer Zeitabschnitte.

So erhält die Paläohydrogeologie eine maßgebliche Bedeutung für die Einschätzung der Perspektivität des Auftretens verschiedener Lagerstätten, besonders der Kohlenwasserstofflagerstätten. Die Hauptaufgabe der paläohydrogeologischen Untersuchungen umfaßt die Rekonstruktion hydrogeologischer Grundverhältnisse während verschiedener geologischer Zeitabschnitte. Arbeitsmethodische Studien (MILDE u. a. 1969) ergaben, daß es sinnvoll ist, die Erarbeitung paläohydrogeologischer Faktoren, d. h. die Rekonstruktion früherer hydrogeologischer Verhältnisse, von der Analyse paläohydrogeologischer Kriterien, d. h. der möglichst quantifizierten Hinweise auf das Auftreten von Lagerstätten, zu trennen. Für die Faktorenerarbeitung erwies sich als günstig, die Analyse auf sieben paläohydrogeologische Faktorenkomplexe zu konzentrieren:

1. Paläohydrogeologisches Grundregime
(Ausgliederung von Etappen der hydrogeologischen Entwicklung — Sedimentations- und Infiltrationsregime in räumlicher und zeitlicher Erstreckung).

2. Entwicklungsablauf der hydrogeologischen Etappen
(hydrogeologische Zyklen — Ausgliederung von Perioden, die mit einer Transgression bzw. mit einer kontinuierlichen Sedimentation beginnen und mit einer Abtragung und gleichzeitigen Wasserinfiltration enden — absolute und relative Dauer dieser verschiedenen hydrogeologischen Etappen ist zu erfassen).

3. Lagerungsverhältnisse und hydrogeologische Eigenschaften von Sedimentkomplexen während ihrer geologischen Entwicklungsgeschichte, analysiert für jede Grundetappe
(Absenkungsanalysen — lithologische Studien zur Erfassung der hydrogeologischen Parameter während der verschiedenen Zeitschnitte — Umsatzvorgänge aus dem Haftwasser- in den Grundwasserbereich und dgl. bestimmen den Untersuchungsrahmen für diese Faktorengruppe).

4. Paläohydrodynamik während jeder Grundetappe
(elektrische Analogiemodelle gestatten unter Vorgabe einfacher Randbedingungen und der größenordnungsmäßigen hydrogeologischen Eigenschaften eine prinzipielle Rekonstruktion der Grundwasserdynamik).

5. Wasseraustauschintensität während jeder Grundetappe
(Studien über die Porenraumreduktionen und über die Infiltrationsbedingungen sowie über die vermutlichen Grundwasserspeichervolumen erlauben Hinweise auf Wasserumsatz und Wasseraustauschintensität).

6. Hydrogeochemische Bedingungen während jeder Grundetappe
(geochemische Reliktstrukturen im Rezentbereich und Analogieschlüsse auf Grund des hydrogeologischen Milieus sollen Hinweise auf frühere hydrochemische Bedingungen liefern).

7. Paläoklimatische Verhältnisse während jeder Grundetappe
(aus der Rekonstruktion des vorzeitlichen Klimas sollen Hinweise für die Infiltrationsetappe gewonnen werden — im allgemeinen muß man sich auf die Differenzierung arider bis humider Zonen beschränken).

Die rezenten hydrogeochemischen Verhältnisse, die rezenten hydrodynamischen Bedingungen und Altersbestimmungen (auch auf der Grundlage der Helium–Argon-Methode) bieten häufig eine Kontrollmöglichkeit für die Aussagen der paläohydrogeologischen Analyse, da das paläohydrogeologische Analysenergebnis für die Gegenwart mit den rezent vorliegenden Verhältnissen übereinstimmen muß.

Die Kriterienanalyse z. B. im Hinblick auf die Höffigkeit auf Kohlenwasserstofflagerstätten stützt sich vor allem auf den Nachweis von Sedimentationsetappen, auf ihre absolute Zeitdauer und vor allem auf ihre bei weitem vorwiegende Dominanz gegenüber der Zeitdauer der Infiltrationsetappen. Von hervorstechender Bedeutung ist außerdem die Intensität des Sedimentationswasseraustauschs während einer möglichst lange andauernden Periode.

Die paläohydrogeologische Besonderheit der Lagerstättenbildung fester Minerale liegt in der Wirksamkeit sowohl der Sedimentations- als auch der Infiltrationsetappe. Bei ersterer kann die Konzentration von Erzen durch die Migration metallführender Sedimentationswässer in Auswirkung der diagenetischen Verfestigung erzführender Sedimente erfolgen; während der Infiltrationsetappe kann die Lagerstättenbildung durch die Lage eines Erzlieferanten im Einzugs- und Lösungsbereich von Oberflächen- und Grundwässern gegeben sein, während die Räume der Nutzstoffanreicherung durch besondere hydrochemische Verhältnisse und spezielle hydrogeologische Parameterbedingungen fixiert werden.

Zusammenfassung

Es wird der Versuch unternommen, einen Überblick über hydrogeologische Aufgaben und Probleme bei der Analyse des Hohlrauminhalts Wasser im Hinblick auf die Suche und Erkundung von Grundwasser und von Lagerstätten anderer geologischer Nutzkomponenten zu geben. Das Hauptanliegen des Aufsatzes besteht darin, nachzuweisen, daß für alle hydrogeologischen Arbeitsgebiete eine komplexe Analyse der rezenten hydrogeologischen Verhältnisse, häufig aber auch der paläohydrogeologischen Bedingungen unbedingt erforderlich ist. Mit zunehmendem Erkenntnisstreben wird stets die Reihe der Probleme und Aufgaben größer werden. Nutzen wir daher die neuen Möglichkeiten, die uns die umfassenden Bearbeitungen erschließen.

Schließlich wird noch das Ziel verfolgt, auf die vielfältigen lohnenden Einsatzgebiete der Hydrogeologie sowohl innerhalb, aber auch besonders außerhalb der Versorgungswassererkundung hinzuweisen. Gerade im Prognoseabschnitt werden uns auf diesen Neulandgebieten der Nutzstoff- und Wärmegewinnung aus dem Wasser und der Anwendung hydrogeologischer Erkenntnisse für minerogenetische Analysen wesentliche Aufgaben erwachsen. Mögen die gebotenen Übersichten eine kleine Hilfe für die erfolgreiche Inangriffnahme dieser prognostischen Aufgabenstellungen sein.

Резюме

Настоящая статья представляет собой попытку дать обзор о гидрогеологических задачах и проблемах при анализе содержимого пустого пространства „вода" с точки зрения поисков и разведки подземных вод и месторождений других геологических полезных компонентов. Главная цель статьи заключалась в доказательстве того, что комплексный анализ современных гидрогеологических условий, а часто и палеогидрогеологических условий, является обязательно необходимым для всех гидрогеологических областей работ. С возрастающим стремлением к познанию всегда увеличиваться круг проблем и задач. Поэтому надо пользовается новыми возможностями, которые обширные исследования раскрывают перед нами.

Наконец, статья преследовала еще цель указать на многочисленные выгодные области использования гидрогеологии, как в рамках разведки питьевой и технической вод, так и вне этих рамок. Именно в период прогноза новые области получения компонентов и тепла из воды, а также использование гидрогеологических познаний в пользу минерогенических анализов накладывают на нас существенные задачи. Желательно, чтобы изложенные обзоры оказывались полезными для начала этой прогнозной постановки задач.

Summary

An attempt was made to review hydrogeological problems of analysis of the "cavity content" water in view of the prospection and exploration for ground water and deposits of other useful geological components. It was the main purpose to show that for all hydrogeological spheres of activity a complex analysis of recent hydrogeological conditions is indispensable, and that palaeohydrogeological conditions, too, must often be analysed. With increasing knowledge problems will also grow. Therefore possibilities offered by comprehensive studies should be utilized.

Finally, it was also the object of the present paper to point at the many and various fields of using hydrogeology both inside and, in particular, outside the exploration for supply water. It is just in the prognostic sector that important problems will arise in these new fields of obtaining useful materials and heat from the water, and of applying hydrogeological knowledge to minerogenetic analyses. It is hoped that the reviews given in the paper will be of some help to a successful start of these prognostic problems.

Literatur

BAUMANN, L., G. DÖRNFELD & G. TISCHENDORF: Zur künftigen Entwicklung der Minerogenie (Metallogenie). – Ber. dt. Ges. geol. Wiss., R. A, 14, 1, Berlin 1969.

BECKER, A.: Systembetrachtungen in der deterministischen Hydrologie. – Tag. Hydrometeorologie, Tharandt 1968.

BECKER, A., & GLOS: Grundlagen der Systemhydrologie. – Mitt. Inst. Wasserwirtsch., Berlin 1968.

BUTTLAR, H. v., & J. WENDT: Ann. Geophys. Union, 39, S. 660 (1958).

GLANDER, H.: Beiträge zur gegenwärtigen Optimalvariante in der hydrogeologischen Spezialkartierung. – Z. angew. Geol., 14, 9, Berlin 1968.

– Hydrogeologische Kartierung in der DDR und ihre Aussage für die Regionalprognose nutzbaren Grundwassers. – Vortragsr. Geowiss., Berg.- u. Hüttenm. Tag Bergakad. Freiberg, Juli 1969.

KNETSCH, G., A. SHATA, E. DEGENS, K. O. MÜNNICH, J. C. VOGEL & M. M. SHAZLY: Untersuchungen an Grundwässern der Ostsahara. – Geol. Rundsch., 52 (1962).

KRAIJENHOFF: Runoff models with linear elements. – Proc. of Technical Meeting 21, Den Haag 1966.

MILDE, G.: Aufgaben und Probleme der montanhydrogeologischen Erkundung im Braunkohlenbergbau der DDR. – Bergbautechnik, 16, 4, Leipzig 1966.

– Beziehungen zwischen lithologischen Eigenschaften von Lockersedimenten und der Bestimmungsgenauigkeit geohydrologischer Gesteinsparameter. – Freiberger Forsch.-H., A 431, Leipzig 1968.

MILDE, G., & P. DIETRICH: Beiträge der Hydrogeologie zur Suche von Feststofflagerstätten in Sedimenten. – Vortragsr. Geowiss., Berg.- u. Hüttenm. Tag Bergakad. Freiberg, Juli 1969.

MILDE, G., & H. U. MOLLWEIDE: Die wichtigsten Verschmutzungsgefahren für Grundwasserlagerstätten. – Z. angew. Geol., 15, 1, Berlin 1969.

– Hydrogeologische Faktoren bei der Grundwasserverunreinigung. – Z. angew. Geol., Berlin 1970 (in Vorber.).

MILDE, G., & H.-J. WEDER: Prognostische Gedanken über die zukünftige Entwicklung auf dem Gebiet der Hydrogeologie in der Deutschen Demokratischen Republik. – Ber. dt. Ges. geol. Wiss., Reihe A, 14, 1, Berlin 1969.

MILDE, G., U. HAGENDORF & U. TETZLAFF: Arbeitsmethodische Beiträge zur Paläohydrogeologie. – Z. angew. Geol., 15, 7, Berlin 1969 [1969a].

– Untersuchungsmethoden der Paläohydrogeologie. – Vortragsr. Geowiss., Berg- u. Hüttenm. Tag Bergakad. Freiberg, Juli 1969 [1969b].

MILDE, G., CHR. KLINGER & K. FRÖHLICH: Ergebnisse und praktische Folgerungen physikalischer Altersbestimmungen an Grundwässern. – Vortragsr. Geowiss., Berg- u. Hüttenm. Tag Bergakad. Freiberg, Juli 1969.

MILDE-DARMER, K.: Geologische Untersuchungen zum Problem der Bestimmung optimaler Abstände von Erkundungsbohrungen. – Habilitationsschr. Bergakad. Freiberg 1969.

MÜNNICH, K. O.: Isotopendatierung von Grundwasser. – Die Naturwissenschaften, 55, 4, Berlin – Heidelberg 1968.

SCHLINKER, K. Die Grundwasserprognose, eine Grundlage der Analyse wasserwirtschaftlicher Verhältnisse in den Flußgebieten des pleistozänen Bereichs. – Wasserwirtsch. – Wassertechn., 16, 7/8, Berlin 1966.

– Beiträge zur wasserwirtschaftlichen Erfassung des Grundwasserdargebots, seines Chemismus und seiner Beziehungen zum Oberflächenabfluß im Großeinzugsgebiet Küste – Warnow – Peene. – Diss. Techn. Univ. Dresden 1968.

SPENGLER, R.: Neue Erkenntnisse über die Grundwasserneubildung durch Infiltration in Abhängigkeit von geologischen und anderen Faktoren. – Vortragsr. Geowiss., Berg- u. Hüttenm. Tag Bergakad. Freiberg, Juli 1969.

ZIESCHANG, J.: Projekt zur Bearbeitung von Grundwasserprognosen für das Hoheitsgebiet der DDR. – Wiss.-techn. Inform.-Dienst zentr. geol. Inst., 5, Sonderh. 3, Berlin 1964.

– Die Grundwasserprognose als Basis einer gerichteten Grundwassererkundung, erläutert am Beispiel Rostock. – Wasserwirtsch. – Wassertechn., 15, 6, Berlin 1965.

– Klassifikation der Grundwasservorräte der DDR. – Z. angew. Geol., 12, 8, Berlin 1966.

– Zur Grundwasserlagerstättenprognose. – Ber. dt. Ges. geol. Wiss., Reihe A, 14, 1, Berlin 1969.

Die Bestimmung des Absorptionskoeffizienten seismischer Wellen für den Halbraum

ROLF RÖSLER & R. STOLL, Freiberg (Sa.)

(Sektion Geowissenschaften der Bergakademie Freiberg, Lehrstuhl für Erkundungsgeophysik und Lehrstuhl für Ingenieur- und Montangeophysik, Sektionsveröffentlichung Nr. 58)

1. Einleitung

Für die Charakterisierung des Gebirges hinsichtlich seines Verhaltens bei dynamischer Beanspruchung, beispielsweise durch einen elastischen Impuls, Sinussignal u. a., sowie für die Horizontzuordnung mittels seismischer Bohrlochmeßverfahren werden Amplitudenmessungen immer stärker in die Auswertung mit einbezogen.

Aus der Literatur, z. B. NIKOLAJEW (1965), ist bekannt, daß der aus Amplitudenmessungen ermittelte Absorptionskoeffizient eine Korrelierbarkeit mit dem Diagenesegrad, der Porosität, der Dichte und anderen lithologischen und physikalischen Parametern besitzt. Im Unterschied zur Ausbreitungsgeschwindigkeit, die normalerweise aus seismischen Messungen ermittelt wird, zeigt der Absorptionskoeffizient einen größeren Variationsbereich bei der gleichen petrophysikalischen Veränderung als die Ausbreitungsgeschwindigkeit (OLSZAK 1964).

Die Schwierigkeit bei der Messung von seismischen Signalamplituden besteht in der Eliminierung der Ankopplungsbedingungen. Bei seismischen Amplitudenmessungen sind Fehler von 100% durch den Einfluß der Ankopplung der Schwingungsaufnehmer an das Untersuchungsobjekt keine Seltenheit.

Erste Erfolge, die Ankopplung zu eliminieren, konnten durch eine „seismische Vierpunktanordnung" (MILITZER & STOLL 1968) erzielt werden. Dabei werden z. B. zwei Schwingungssender und zwei Schwingungsempfänger auf einer Geraden angeordnet. Das wahre Amplitudenverhältnis der Schwingungsaufnehmer ergibt sich als geometrisches Mittel der gemessenen Amplitudenverhältnisse.

Eine Erweiterung dieses Verfahrens auf drei Schwingungsaufnehmer und zwei Schwingungssender soll nachfolgend vorgeschlagen werden.

2. Problemstellung

Die Ausarbeitung elastischer Wellen als Kugelwellen kann in der Form

$$u(r, t) = \frac{s}{r} e^{-\alpha r} e^{-j\omega\left(t - \frac{r}{c}\right)}$$

mit

α — Absorptionskoeffizient,
n — Exponent der räumlichen Amplitudenabnahme,
c — Ausbreitungsgeschwindigkeit,
s — Amplitudenfaktor,
u — Verschiebung,
r — Abstand Quellpunkt—Aufpunkt,
t — Zeit,
ω — Kreisfrequenz ($\omega = 2\pi f$),

geschrieben werden.

Zum Exponenten der räumlichen Amplitudenabnahme des Signals ist zu bemerken, daß n von der geometrischen Divergenz der Strahlen und der Richtcharakteristikquelle abhängt.

Der Amplitudenfaktor s hängt von der Sendeleistung, der Ankopplung und der Richtcharakteristik des Schwingungsgebers ab. Der Ankopplungsfaktor K der Schwingungsaufnehmer ist experimentell nicht kontrollierbar und muß bei Amplitudenmessungen eliminiert werden.

3. Lösung

Durch die Kombination mehrerer Messungen ist die Lösung unter Verwendung von zwei Sendern und drei Schwingungsaufnehmern und der Unbekannten n möglich. Wegen der Winkelabhängigkeit der Abstrahlcharakteristik des Senders ist es notwendig, eine lineare Aufstellung zu benutzen.

Es gilt

$$u(r, t) = A(r)\, e^{-j\omega\left(t - \frac{r}{c}\right)}$$

mit der Amplitude

$$|u(r, t)| = A(r)$$

Bezeichnet man mit

$$A_{ik} = A(l_{ik})$$

die tatsächliche Amplitude des Senders i am Ort des Empfängers k, so ist

$$a_{ik} = K_k A_{ik}$$

die gemessene Amplitude, wobei

K_k — den Ankopplungsfaktor des Empfängers k und
l_{ik} — den Abstand des Empfängers k vom Sender i

bedeuten.

Für die Amplitudenabnahme kann nach NIKOLAJEW (1965) geschrieben werden:

$$a_{ik} = K_k \frac{S_i}{l_{ik}^n} e^{-\alpha l_{ik}} \quad (1)$$

mit

S_i — Maß für die Sendeleistung des Senders i (abhängig von der Richtcharakteristik und der Ankopplung des Senders).

Eingang des Manuskripts in der Redaktion: 7. 8. 1969.

Für zwei Sender und drei Empfänger ist

$$i = 1, 2 \qquad \text{und} \qquad k = 1, 2, 3$$

Somit ergeben sich sechs Gleichungen für die sechs Unbekannten

$$K_1,\ K_2,\ K_3,\ \frac{S_1}{S_2},\ \alpha \text{ und } n$$

die damit eindeutig bestimmt werden können.

Für jedes $k = 1, 2, 3$ können durch die Kombination jeweils zweier Gleichungen ($i = 1, 2$) die Ankopplungsfaktoren aus Gleichung (1) eliminiert werden:

$$\frac{a_{1k}}{a_{2k}} = \frac{S_1}{S_2} \left(\frac{l_{2k}}{l_{1k}}\right)^n \cdot e^{\alpha(l_{2k} - l_{1k})} \qquad (2)$$

Logarithmiert man (2), so ergibt sich

$$\ln \frac{a_{1k}}{a_{2k}} = \ln \frac{S_1}{S_2} + n \ln \frac{l_{2k}}{l_{1k}} + \alpha\,(l_{2k} - l_{1k}) \qquad (3)$$

Das sind für $k = 1, 2, 3$ drei lineare Gleichungen für die Unbekannten

$$\ln \frac{S_1}{S_2}, \quad n \text{ und } \alpha$$

Die Koeffizientendeterminante dieses Gleichungssystems lautet

$$D = \begin{vmatrix} 1 & \ln \frac{l_{21}}{l_{11}} & l_{21} - l_{11} \\ 1 & \ln \frac{l_{22}}{l_{11}} & l_{22} - l_{11} \\ 1 & \ln \frac{l_{23}}{l_{13}} & l_{23} - l_{13} \end{vmatrix}$$

Die Auflösung nach den interessierenden Größen n und α ergibt:

$$\alpha = \frac{1}{D} \left[\ln \frac{l_{21}}{l_{11}} \cdot \ln \frac{a_{12} a_{23}}{a_{22} a_{13}} + \ln \frac{l_{22}}{l_{12}} \cdot \ln \frac{a_{13} \cdot a_{21}}{a_{23} \cdot a_{11}} + \ln \frac{l_{23}}{l_{13}} \cdot \ln \frac{a_{11} a_{22}}{a_{21} a_{12}} \right] \qquad (4)$$

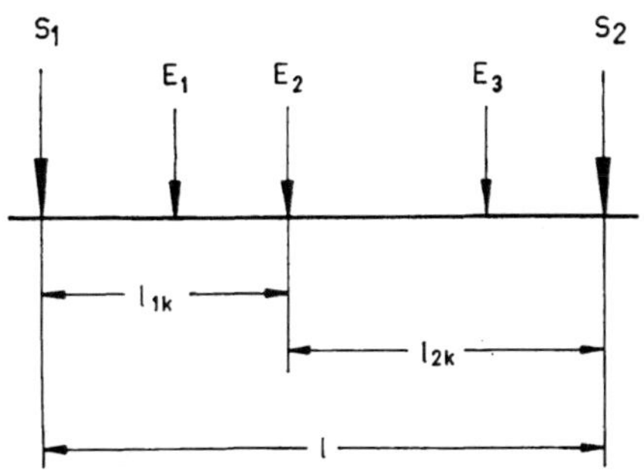

Abb. Aufstellung zur Ermittlung von α und n

(S_i – Schwingungssender; E_k – Schwingungsempfänger)
l_{ik} – Entfernung zwischen dem Schwingungssender i und dem Schwingungsempfänger k

und

$$n = \frac{1}{D} \left[(l_{21} - l_{11}) \ln \frac{a_{12} a_{23}}{a_{22} a_{13}} + (l_{22} - l_{12}) \times \ln \frac{a_{13} a_{21}}{a_{23} a_{11}} + (l_{23} - l_{13}) \ln \frac{a_{11} a_{22}}{a_{21} a_{12}} \right] \qquad (5)$$

Es ist zweckmäßig, für die Abstände l_{ik} dimensionslose Parameter ξ_k einzuführen (siehe Abb.):

$$l_{11} = \xi_1 \cdot l$$
$$l_{12} = \xi_1 \cdot l$$
$$l_{13} = \xi_1 \cdot l$$

und

$$l_{21} = (1 - \xi_1) \cdot l$$
$$l_{22} = (1 - \xi_2) \cdot l$$
$$l_{33} = (1 - \xi_3) \cdot l$$

ist

$$D' = \begin{vmatrix} 1 & \ln \frac{1 - \xi_1}{\xi 1} & 1 - 2\xi_1 \\ 1 & \ln \frac{1 - \xi_2}{\xi -} & 1 - 2\xi_2 \\ 1 & \ln \frac{1 - \xi_3}{\xi 3} & 1 - 2\xi_3 \end{vmatrix} \cdot l$$

Für eine symmetrische Aufstellung ist

$$\xi_1 = 1 - \xi_3$$

$$\xi_2 = \frac{1}{2}$$

und für die Koeffizientendeterminante ergibt sich $D = 0$, so daß die drei Gleichungen (3) nicht linear unabhängig sind. Folglich ist eine symmetrische Aufstellung zur Bestimmung von α und n nicht geeignet.

Für eine spezielle unsymmetrische Aufstellung

$$\xi_1 = 1\xi_3$$

$$\xi_2 = \frac{1}{2}$$

lautet die Koeffizientendeterminante

$$D = l \left[(1 - 2\xi_1) \ln \frac{1 - \xi_3}{\xi_3} - (1 - 2\xi_3) \ln \frac{1 - \xi_1}{\xi_1} \right]$$

Für den Absorptionskoeffizienten α und den Exponenten der räumlichen Amplitudenabnahme n ergibt sich nach (4) bzw. (5):

$$\alpha = \frac{1}{D} \left[\ln \frac{1 - \xi_1}{\xi_1} \ln \frac{a_{12} a_{23}}{a_{22} a_{13}} + \ln \frac{1 - \xi_3}{\xi_3} \ln \frac{a_{13} a_{21}}{a_{23} a_{11}} \right] \qquad (6)$$

und

$$n = \frac{1}{D} \left[(1 - 2\xi_1) \ln \frac{a_{12} a_{23}}{a_{22} a_{13}} + (1 - 2\xi_3) \ln \frac{a_{13} a_{21}}{a_{23} a_{11}} \right] \qquad (7)$$

Aus diesen Gleichungen können die Größen α und n durch die Messungen der Signalamplituden an den Schwingungsaufnehmern $k = 1, 2, 3$ bei Erregung elastischer Wellen an den Schwingungssendern $i = 1, 2$ ermittelt werden, wobei der Einfluß der Ankopplung eliminiert worden ist.

Zusammenfassung

Für die Bestimmung des Absorptionskoeffizienten seismischer Wellen für den Halbraum wird ein Verfahren entwickelt, das unter Verwendung von zwei Schwingungssendern und drei Schwingungsempfängern den Einfluß der Ankopplung eliminiert.

Резюме

Для определения коэффициента поглощения сейсмических волн для полупространства был разработан метод, с помощью которого при применении двух передатчиков колебаний и трех приемников колебаний исключается влияние соединения.

Summary

For a determination of the coefficient of absorption of seismic waves for the half area a method has been developed, which eliminates the coupling influence by using two oscillating transmitters and three oscillating receivers.

Literatur

MILITZER, H., & R. STOLL: Vibratorseismische Messungen zur Bestimmung eines frequenzabhängigen Absorptionskoeffizienten. — Bergakademie, **20**, 9, 518–521, Freiberg 1968.

NIKOLAJEW, A. W.: Seismische Bodeneigenschaften. — Verl. Wiss., Moskau 1965.

OLSZAK, G.: Zur Anwendung der Frequenzanalyse in der seismischen Erkundung. — Geologie und Geophysik, Folge **6**, 6, 3–22, Leipzig 1964.

Eine neue Bemusterungsmethode bei der Erkundung von Sanden und Kiesen

GÜNTHER GALINSKY, Freiberg (Sa.)

(Mitteilung Nr. 285 aus dem Betriebsteil Freiberg des VEB Geologische Forschung und Erkundung, Halle/Saale)

Einleitung

Die Erkundung von Sand- und Kiesrohstoffen für die Baumaterialindustrie ist nach wie vor aktuell. Der wachsende Bedarf an schweren Betonzuschlagstoffen insbesondere für örtliche Bauschwerpunkte erfordert ständig neue geologische Erkundungsarbeiten. Dazu erforderliche Erkundungsbohrungen werden meistens durch stationäre Bohrtürme und maschinelle Winden mit den bekannten Bohrwerkzeugen, wie Schappen (für trockene Schichten) und Kiespumpen oder Ventilen (für wasserführende Schichten), niedergebracht. Um im Bohrloch angetroffene größere Gerölle ohne Schwierigkeiten fördern zu können bzw. um größere Teufen zu erreichen, wird gewöhnlich mit großem Bohrlochdurchmesser gebohrt. Die Durchmesser der Verrohrung betragen allgemein 368 mm, 318 mm oder 826 mm. Sind sehr große Gerölle zu erwarten, ist der Einsatz von Brunnengreifern bei einem Bohrlochdurchmesser von 600 bis 800 mm erforderlich.

Bereits P. BÖHME (1966) forderte eine Verbesserung der Bohrgutgewinnung und eine exakte Probenverjüngung.

Ein Verjüngen des Bohrgutes mittels Viertelkreuz ist mit hohem Arbeitsaufwand verbunden. Eine gewissenhafte Ausführung dieser Arbeiten ist bei Abwesenheit des Objektgeologen nicht immer garantiert.

In der Fachgruppe Lockergesteine des Betriebsteils Freiberg des VEB Geologische Forschung und Erkundung, Halle, sind zwei Probenteilgeräte entwickelt worden, mit deren Hilfe ein exaktes und schnelles Verjüngen des Bohrgutes bis zu jeder gewünschten Probenmenge möglich ist. Beide Geräte sowie der Verfahrensgang (s. Abb. 1) sollen nachfolgend beschrieben werden.

Eingang des Manuskripts in der Redaktion: 1. 8. 1969.

Beschreibung des Probenteilers

Der Probenteiler (GALINSKY 1968) besteht aus einem Trichter, unter dessen Auslauf ein Viertelkreuz angebracht ist. Nachdem das Bohrgut aus dem Bohrwerkzeug in den Trichter entleert wurde, ist der Verschlußschieber am Auslauf des Trichters zu öffnen, damit das Bohrgut in vier Kisten fällt (s. Abb. 2). Die Böden der Kisten sind mit Filtergaze ausgeschlagen. Ist die Bohrgutmenge bei großem Bohrdurchmesser entsprechend umfangreich, so kann durch mehrmaliges Verjüngen — die gegenüberliegenden Kisten müssen dann nochmals in den Trichter gefüllt werden — jede gewünschte Probenmenge hergestellt werden.

Tab. 1. Versuch mit dem Probenteiler (mit Kiessand von Mühlberg)

Proben-Nr.	Kornklassen in mm				Masse kg	Bemerkungen
	Anteil in %					
	> 25	2–25	0,2–2,0	< 0,2		
44	7,1	35,2	54,0	3,7	8,7	Probe mit Schaufel entnommen
201	2,2	43,9	51,5	2,4	5,88	Proben aus gleichem Bereich mit Probenteiler geviertelt
202	7,2	39,5	51,6	1,7	6,1	
203	2,4	44,2	49,7	3,7	4,55	
204	4,4	37,4	55,0	3,2	7,88	
	5,0	6,8	5,3	2,0	3,33	Schwankung der Viertel
201/202	4,75	41,7	53,6	2,15	11,98	gewogenes arithmetisches Mittel der gegenüberliegenden Viertel
203/204	3,77	40,0	53,2	3,4	12,38	
	0,98	1,7	0,4	1,25	0,4	Schwankung der Hälften

ZEITSCHRIFT FÜR ANGEWANDTE GEOLOGIE

Träger der Ehrennadel in Gold der Gesellschaft für Deutsch-Sowjetische Freundschaft

KOLLEKTIVE CHEFREDAKTION

Dr. K. KAUTER (Redaktionssekretär)
Prof. Dr. F. STAMMBERGER
Dr. habil. G. TISCHENDORF

BAND 15 · 1969 · HEFT 1 bis 12

INHALTSVERZEICHNIS

Artikel ohne Verfasserangabe

Geologie, Paläontologie

Mineralogie, Petrographie

Heft-Nr. Seite

Lagerstättenkunde, Metallogenie, Prognose, Bergbau

Geochemie

Geophysik

Ingenieurgeologie, Hydrogeologie, Bodengeologie

Methodik der Erkundung

Ökonomie der Erkundung

Vorratsberechnung

Mathematik, Datenverarbeitung, Statistik, Information und Dokumentation

Technisches

Sonstiges

Wissenschaftliche Tagungen

Besprechungen und Referate

Besprechungen und Referate ohne Verfasserangabe

Neuerscheinungen und Literaturhinweise

Nachrichten und Informationen

Kurznachrichten

Herausgeber: Zentrales Geologisches Institut im Auftrag des Staatssekretariats für Geologie beim Ministerrat der Deutschen Demokratischen Republik. Für die kollektive Chefredaktion: Dr. K. KAUTER (Redaktionssekretär), Berlin. Redaktion: 1054 Berlin, Zionskirchstraße 34 (Fernsprecher 426001). Verlag: Akademie-Verlag GmbH, 108 Berlin, Leipziger Straße 3–4 (Fernsprecher 220441, Telex 0112020, Postscheckkonto: Berlin 35021). Bestellnummer des Bandes 1047/15. Alleinige Anzeigenannahme DEWAG-WERBUNG, 102 Berlin, Rosenthaler Str. 28–31, und alle DEWAG-Betriebe in den Bezirksstädten der DDR. Die „Zeitschrift für angewandte Geologie" erscheint monatlich, Exportpreis: M 6,–, Sonderpreis für die DDR: 2,– je Heft. – Satz und Druck: VEB Druckhaus „Maxim Gorki", 74 Altenburg. Veröffentlicht unter der Lizenznummer 1279 des Presseamtes beim Vorsitzenden des Ministerrates der Deutschen Demokratischen Republik.

Die im Wasser schwebenden Kornfraktionen können teilweise sedimentieren. Nach dem Gesetz von STOKES beträgt die Fallzeit für die Fraktion bis 0,02 mm für 10 cm Fallhöhe um 7,5 Minuten. Diese Zeit ist etwa zwischen den einzelnen Zügen des Bohrzeuges vorhanden. Die danach noch im Wasser schwebenden feinen Fraktionen können nicht mehr gewonnen werden, da die Sedimentation derselben zwischen 30 Minuten und 8 Stunden (Fraktion 0,002 mm) dauern würde.

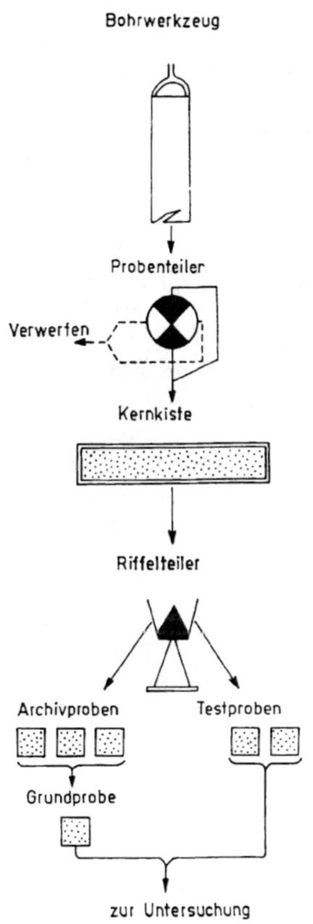

Abb. 1. Verfahrensgang bei der Probenahme und Bemusterung

Bohrgut von etwa 0,5 bis 1,0 Bohrmeter

Verjüngen der Probe

Geologische Dokumentation der Schichten, Festlegung der Probenbereiche der Testproben

2. Verjüngen der Probe bzw. Teilen in Proben mit verschiedenen Verwendungszwecken

Proben mit verschiedenen Verwendungszwecken Herstellen der Grundproben aus mehreren Bereichen, bei größeren Probenmengen auch mittels Riffelteiler

Der Anteil an feinen Fraktionen ist meist gering und deshalb zu vernachlässigen, da der für die Betonzuschlagstoffbeurteilung wichtige Gehalt an „abschlämmbaren Bestandteilen" der am Korn > 0,2 mm anhaftende Teil des Feingutes ist. Selbstverständlich wird durch den Bohrvorgang ein Teil des Feingutes vom Korn abgewaschen. Dieser Fehler ist jedoch bei dem genannten Bohrverfahren unvermeidlich.

Die Kornverteilung der geviertelten Probe und einer vom gleichen Teufenbereich in Form eines Schlitzes aus den Kernkisten entnommenen Probe ist in Tab. 1 dargestellt. Die Ergebnisse dieser Untersuchung machen deutlich, daß die Anteile der Kornfraktionen in den Vierteln zwar etwas schwanken, jedoch das mit der Masse gewogene Mittel der gegenüberliegenden Viertel eine recht gute Übereinstimmung der beiden Probenhälften ergibt. Vergleicht man die mit dem Probenteiler verjüngte Probe mit der in herkömmlicher Weise entnommenen, so ist an den Unterschieden in den einzelnen Kornfraktionen der subjektive Charakter des letzteren Probenahmeverfahrens erkennbar.

Abb. 2. Öffnen des Verschlußschiebers; das Bohrgut fällt in die vier Behälter

Der Probenteiler ist auf einen Schlitten montiert und kann so, wie Abb. 3 zeigt, von Bohrpunkt zu Bohrpunkt geschleppt werden.

Hauptmaße:
Höhe: 1100 mm,
Breite (Trichter): 1000 mm,
Durchlaßöffnung: 130 mm,
Fassungsvermögen je Kiste: 30 dm³,
Masse: ca. 100 kg.

Ablage des Bohrgutes

Für den weiteren Ablauf der Probenahme mußten zur Probenablage Behälter von einheitlichen Abmessungen und Fassungsvermögen gefunden werden. Die üblichen Kernkisten waren hierfür geeignet. Es ist darauf zu achten, daß über den gesamten Nutzschichtbereich in jede Kernkiste das gleiche Probenintervall

Abb. 3. Transport des Probenteilers von Bohrpunkt zu Bohrpunkt

abgelegt wird (bei kleinerem Bohrlochdurchmesser ein volles Meter). Bei Beginn der Nutzschicht sowie bei Schichtgrenzen ist eine neue Kernkiste zu nehmen. An Hand des in den Kernkisten abgelegten Bohrgutes erfolgten die geologische Dokumentation der erbohrten Schichten und das Festlegen der Probenbereiche für Testuntersuchungen und Archivproben.

Das Verjüngen bzw. Teilen der Proben wird mit dem Riffelteiler durchgeführt (BUCHWALD, GALINSKY & KRAMER 1968).

Beschreibung des Riffelteilers

Um auch bei der weiteren Probenahme die Subjektivität auszuschalten, ist nach dem Prinzip JONES ein Riffelteiler konstruiert worden, mit dem der Inhalt der Kernkisten geteilt werden kann. Der Riffelteiler (s. Abb. 4) besteht in Abweichung zur TGL 21369 aus

Abb. 4. Riffelteiler mit acht Taschen (Fotos: G. GALINSKY)

acht Taschen mit je 12 cm Breite. Mehr Taschen konnten nicht untergebracht werden, da der Durchlaß von 12 cm bleiben sollte, die gesamte Baulänge des Riffelteilers jedoch von der Länge der Kernkiste abhängig ist. In den abnehmbaren Trichter wird die Kernkiste entleert. Das Probenmaterial fällt zu gleichen Teilen wieder in zwei Kernkisten oder andere Behälter. Durch mehrfaches Wiederholen des geschilderten Vorgangs kann jede gewünschte Probenmenge erreicht werden, falls die obere Korngröße des zu teilenden Gutes eine solche Reduzierung der Ausgangsprobe zuläßt. Die Kornverteilung der Probenhälften ist in Tab. 2 dargestellt. Die Ergebnisse zeigen eine gute Übereinstimmung der beiden Probenhälften in den untersuchten Kornfraktionen.

Der Riffelteiler hat eine Masse von ca. 60 kg, kann von zwei Personen transportiert werden und wird im Kernwagen oder Probenraum des jeweiligen Objektes untergebracht.

Hauptmaße:
Länge: 1060 mm,
Höhe: 860 mm,
Breite (Fuß): 700 mm,
Durchlaß; 220 mm.

Tab. 2. Versuch mit dem Riffelteiler (mit Kiessand von Falkenberg)

Proben-Nr.	Kornklassen in mm / Anteil in %				Masse kg	Bemerkungen
	> 5	2–5	0,2–2,0	< 0,2		
28	24,3	21,5	53,3	0,9	3,575	Vorderseite
29	25,0	20,5	53,5	1,0	3,420	Rückseite
	0,7	1,0	0,2	0,1	0,155	Schwankung

Bemusterung von Sand- und Kiesbohrungen

Bei Erkundungsbohrungen auf Sand- und Kiesrohstoffe wurden bisher verschiedenartige Bemusterungsmethoden angewandt. Bei allen angewandten Methoden richten sich die Probenahme (insbesondere die Festlegung der Probenbereiche) und die Probenuntersuchungen (Eignungsprüfungen) nach den Erfahrungen des Geologen. Um diese Subjektivitäten bei der Bemusterung weitgehend auszuschalten, entwickelte F. WEIHRAUCH (1966) auf der Basis mathematisch-statistischer Verfahren ein neues System für die Probenahme und Probenuntersuchung. Danach wird auf der Grundlage der Gesetzmäßigkeiten der inneren Eigenschaften einer Lagerstätte der zu erkundende Rohstoff so beprobt und untersucht, daß maximale Aussagen über seine stofflichen Veränderlichkeiten möglich sind.

Um einerseits ausreichende Angaben über den Rohstoff zu erhalten und andererseits den Untersuchungsumfang aus ökonomischen Gründen auf ein vertretbares Maß zu bringen, werden folgende Gruppenuntersuchungen unterschieden:

a) Voruntersuchungen,
b) Testuntersuchungen,
c) Grunduntersuchungen.

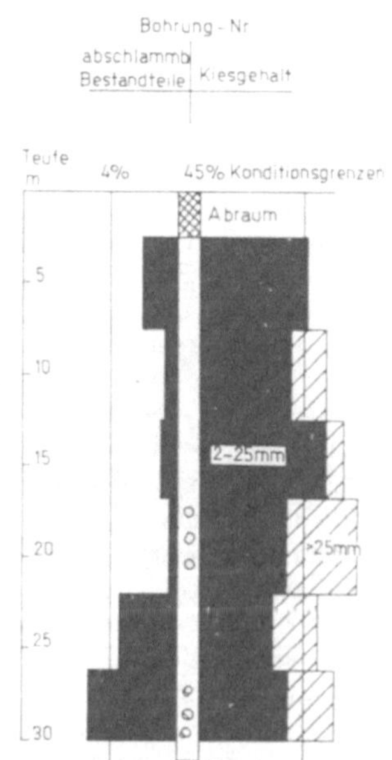

Abb. 5. Auswertung der Ergebnisse der Testuntersuchungen in einem Säulendiagramm
(Die Bezeichnung 45% muß direkt über der senkrechten Linie rechts des Wortes „Abraum" stehen.)

Zeitschrift für angewandte Geologie, Bd. 15 (1969), Heft 12

Zu a)

Ist der zu erkundende Rohstoff in seinen Eigenschaften noch nicht bekannt, so sind vor Beginn der Bohrarbeiten aus Aufschlüssen oder aus den ersten Suchbohrungen Proben für Voruntersuchungen zu gewinnen. Mit diesen Voruntersuchungen soll der Rohstoff charakterisiert werden, um die zu untersuchenden Parameter festlegen zu können.

Zu b)

Die Testuntersuchungen haben die Aufgabe, an möglichst vielen Proben einzelne, aber dafür den Verwendungszweck kennzeichnende Untersuchungen vorzunehmen. Hierdurch können die Gesetzmäßigkeiten der Verteilung der Substanz im Rohstoffkörper gut erkannt werden. Die Festlegung der Bereiche für die Testproben richtet sich nach der visuellen Beurteilung des erbohrten Materials. Die Grenzen der Testproben ergeben sich durch deutlichen Materialwechsel im Bohrloch. Die Intervalle betragen in der Regel 3 bis 6 m, bei großen Nutzschichtmächtigkeiten und gleichartigem Material können sie auch etwas über 6 m betragen.

Bei Betonkiesen haben sich die Untersuchung von drei Siebschnitten (bei 0,2 mm, 2 mm und 25 mm) und die Bestimmung der abschlämmbaren Bestandteile als zweckmäßig erwiesen. Sind im Rohstoff Huminbestandteile (Braunkohle) zu erwarten, so wird noch der Humintest durchgeführt.

Die wichtigsten Konditionsparameter wie Kiesgehalt, Überkorn, Unterkorn, abschlämmbare Bestandteile sowie Humingehalt werden somit erfaßt. Die Auswertung der Ergebnisse der Testuntersuchungen erfolgt in Säulendiagrammen (Abb. 5).

Zu c)

Nach den Ergebnissen der Testuntersuchungen richtet sich die Festlegung der Bereiche für die Grunduntersuchungen oder kompletten Eignungsprüfungen.

Je nach Erkundungsgrad wird die Bemusterungsdichte für die Grunduntersuchungen unterschiedlich sein. Bei Sucharbeiten sollte jede Bohrung mit einer Grunduntersuchung belegt werden. Bei einer eingehenden Erkundung reichen für einen großen Teil der Bohrungen die Testuntersuchungen aus, weil damit schon die Rohstoffbeurteilung nach den wichtigsten Konditionsparametern festgelegt werden kann.

Das entsprechende Material für die Untersuchungsproben wird, wie Abb. 1 zeigt, mit dem Riffelteiler aus den in Kernkisten abgelegten Bohrproben hergestellt. Aus den Archivproben werden die Grunduntersuchungen ebenfalls mit dem Riffelteiler entnommen. Das restliche Probenmaterial soll als Belegprobe in einem Probenarchiv verbleiben.

Zusammenfassung

Die Bemusterung von Sand- und Kiesbohrungen wird getrennt in Vor-, Test- und Grunduntersuchungen. Zum Verjüngen bzw. Teilen des Bohrgutes werden zwei neue Geräte (Probenteiler und Riffelteiler) beschrieben. Diese beiden Geräte sind für den Feldgebrauch konstruiert.

Резюме

Опробование скважин на песок и гравий подразделяется на предварительные, испытательные и основные исследования, Для квартования или деления бурового материала описываются два прибора (делитель проб, желобчатый делитель). Оба прибора сконструированы для применения в поле.

Summary

The sampling of sand and gravel borings is separated into preliminary, test and basic investigations. Two devices (sample divider and fluting divider) are described for the tapering and parting, respectively, of the material bored. Both of them are designed for field work.

Literatur

BÖHME, P.: Probleme der Erkundung von Sanden und Kiesen für die Bauindustrie. — Z. angew. Geol., 12, 6, 312ff., Berlin 1966.

BUCHWALD, J., G. GALINSKY & W. KRAMER: Neuerervorschlag Riffelteiler. — VEB Geologische Forschung und Erkundung, Betriebsteil Freiberg, GF 11/68 vom 24. 6. 1968 (unveröff.).

GALINSKY, G.: Neuerervorschlag Probenteiler. — VEB Geologische Forschung und Erkundung Halle, Betriebsteil Freiberg, GF 2/68 vom 6. 2. 1968 (unveröff.).

WEIHRAUCH, F.: Rationalisierung des Bemusterungsprogrammes. — VEB Geologische Forschung und Erkundung Halle, Betriebsteil Freiberg 1966 (unveröff.).

Geologische Gesichtspunkte bei der Ermittlung der Bodensteinigkeit im norddeutschen Flachland

MARTIN HANNEMANN, Berlin

(Mitteilung aus dem VEB Hydrogeologie)

1. Einleitung

Mit der zunehmend intensiven und großräumigen Bewirtschaftung landwirtschaftlich genutzter Flächen spielen die Ermittlung und Beseitigung starker Bodenversteinungen eine immer größere Rolle. Kenntnisse über den Grad und die Verteilung der Steinigkeit sind für Schlageinteilungen und für meliorative Maßnahmen vorteilhaft und Voraussetzung für einen optimalen Einsatz von Bodenentsteinungsgeräten. Die Effektivität entsprechender Ermittlungen und die Höhe der entstehenden Kosten hängen besonders von der angewendeten Methodik ab.

Als Grundlagen für die Feststellung der Bodensteinigkeit und entsteinungsbedürftiger Flächen bieten sich die folgenden Möglichkeiten an:

a) systematisches Befragen der Bearbeiter und Nutzer des Bodens,

b) Bearbeitung eines aus Bohrungen und (oder) Schürfen bestehenden, schematisch angelegten Beobachtungsnetzes und

Eingang des Manuskripts in der Redaktion: 29. 7. 1969.

c) geologische und geomorphologische Beobachtungen und Interpretationen unter Berücksichtigung natürlicher und künstlicher Prozesse in Vergangenheit und Gegenwart.

Befragungen der Bearbeiter und Nutzer des Bodens führen zwangsläufig zu subjektiv gefärbten Ergebnissen. Außerdem sind Änderungen der früheren und jetzigen Bodensteinigkeit im Zusammenhang mit dem immer häufiger angewendeten meliorativen Tiefpflügen erfolgt bzw. zu erwarten. Aus der jetzigen Ackerkrume sind größere Steine häufig ausgesammelt worden.

Ein mehr oder weniger schematisch angelegtes Beobachtungsnetz ist dann anwendbar, wenn trotz relativ großer Beobachtungsabstände für die untersuchte Fläche repräsentative Aussagen gewonnen werden. Wie aus dem folgenden entnommen werden kann, ist dies nur teilweise in Bereichen bestimmter, weitflächig vertretener geologischer Bildungen möglich.

Geologische Beobachtungen und Interpretationen sind als Grundlagen für eine Feststellung und eventuelle Kartierung der Bodensteinigkeit dann von Vorteil, wenn eine Reihe von Beziehungen zwischen der geologischen Entstehung einerseits und dem Grad des Steingehalts andererseits besteht und bekannt ist. Besonders in den letzten Jahren sind auch im Hinblick auf die Kenntnis von Gesetzmäßigkeiten, die für die Bodensteinigkeit bedeutungsvoll sind, Fortschritte gemacht worden. Sie stehen im Mittelpunkt der nachfolgenden, auf die Quartärgebiete des norddeutschen Flachlandes bezogenen Betrachtungen.

2. Geologische Ursachen der Bodensteinigkeit

2.1. Die Ausgangsgesteine

Die Steinigkeit des Bodens hängt von der Steinigkeit der Ausgangsgesteine der Bodenbildung ab. Ausgangsgesteine für die Bodenbildung können periglaziär veränderte und periglaziär unveränderte Sedimente sein, je nachdem, wie alt sie sind und welchen klimatischen Einflüssen sie demzufolge ausgesetzt waren. Handelt es sich um periglaziär unveränderte Sedimente, so ist die Steinigkeit des Bodens allein vom primären Steingehalt abhängig. Handelt es sich dagegen um unter periglaziären Bedingungen veränderte Sedimente, so ist die Steinigkeit der periglaziären Umlagerungszone für die Steinigkeit des Bodens entscheidend. Sie ist dann also nicht direkt und nicht allein vom primären, sondern von einem sekundären Steingehalt abhängig.

2.2. Die periglaziäre Umlagerung

Für die Klärung der Ursachen der Bodensteinigkeit und der Verbreitung der unterschiedlich steinhaltigen Schichten spielt die oberflächennahe periglaziäre Veränderung der glazigenen und glaziären Ausgangsgesteine eine wichtige, in der Vergangenheit wohl meist unterschätzte Rolle. Der periglaziären Umformung und Umlagerung verdankt die periglaziäre Umlagerungszone (früher „Geschiebedecksand" genannt, vgl. VIETE 1965) ihre Entstehung.

Unter periglaziärer Umlagerungszone wird der oberste, überwiegend nur 0,2 bis 0,6 m mächtige, wenig sortierte Teil der oberflächennahen Schichten verstanden, der in etwa gleichbleibender Ausbildung weitflächig auftritt und verschiedene geologische Schichten überzieht. Über der Basisfläche dieser Zone sind Steine unterschiedlicher Größe, teilweise sohlenartig, angereichert. Von manchen Bearbeitern (u. a. LEMBKE 1965) wird die verschiedentlich unter der Steinschicht folgende, periglaziär entschichtete Zone noch zur periglaziären Umlagerungszone („Umlagerungsserie" nach LEMBKE) gezählt. Die bisherigen Deutungen lassen sich auf die folgenden fünf Hypothesen reduzieren:

a) Entstehung als Deckmoräne (SOLGER u. a. 1935, 1965),

b) Entstehung zweiphasig: Entwicklung eines Denudationspflasters mit nachfolgender Überdeckung durch äolische Sedimente (DÜCKER 1954, FIEDLER, ALTERMANN & NEBE 1963),

c) Entstehung als Solifluktionsdecke (SCHULZ 1956),

d) Entstehung polygenetisch-periglaziär in mehreren Zeitphasen (LEMBKE 1965),

e) Entstehung im Zuge von zwei Teilvorgängen:

1. polygenetische Entstehung des Ausgangsmaterials der Deckschichten und

2. monogenetisch-periglaziärer Umwandlungsvorgang (KOPP 1965).

Bis auf SOLGER, der nach abzulehnenden Voraussetzungen zu völlig abweichenden Anschauungen gelangt ist, sind sich alle Autoren über die periglaziäre Entstehung der Umlagerungszone einig. Am besten und anscheinend widerspruchsfrei werden die Verhältnisse durch die Hypothese von KOPP erklärt. Schwierigkeiten, die sich aus der Annahme eines Einsinkens von Steinen beim periglaziären Umwandlungsvorgang ergeben haben, scheinen nach neueren, noch unveröffentlichten Beobachtungen und Untersuchungen in der VR Polen überwunden zu sein (freundliche mündliche Mitteilung durch Herrn Dozenten Dr. S. JEWTUCHOWICZ, Łódź).

Für die Steinigkeit des Bodens ist die gewöhnlich 0,05 bis 0,2 m mächtige, an Steinen reiche Basisschicht der Umlagerungszone im engeren Sinne von besonderer Bedeutung. Die etwa oberflächenparallel verlaufende Schicht reicht nur gelegentlich bis an die Oberfläche und wird nur selten durch Ausbuchtungen bis in größere Tiefen unterbrochen. Hauptsächlich im Anschluß an direkte oder indirekte anthropogene Eingriffe gelangen infolge der Kristallisationskraft des Eises durch Frosthub Steine häufig nach oben bis in die Ackerkrume. Der Vorgang wird durch immer häufiger angewendetes Tiefpflügen verstärkt. Menge und Größe der an der Basisfläche der periglaziären Umlagerungszone sekundär angereicherten Steine sind mithin von Einfluß auf die Steinigkeit des Bodens.

3. Beziehungen zwischen den geologischen Verhältnissen und der Bodensteinigkeit

Fast alle Autoren (schon WAHNSCHAFFE 1881) haben übereinstimmend festgestellt, daß eine Substratverwandtschaft zwischen der Umlagerungszone und dem Liegenden, dem primären Ausgangsgestein des Bodens, besteht. „Je höher der Schluffgehalt im Liegenden ist, um so höher ist er im Mittel auch in der periglaziären

Deckzone" (= Umlagerungszone, d. Verf.). „Im groben Durchschnitt ist die Deckzone über stein- und kiesarmem Untergrund ebenfalls stein- und kiesarm ... und über stein- und kiesreichem Liegendem ist meistens auch die Deckzone stein- und kiesreicher" (KOPP 1965, S. 754 und 755).

Läßt man das Alter des primären Ausgangsgesteins und örtliche Besonderheiten außer Betracht, so sind auf den verschiedenen Ausgangsgesteinen verschiedene Steingehalte des Bodens zu erwarten. Durch faziell und genetisch bedingte Unterschiede sind jedoch selbst in geologisch gleichen bzw. ähnlichen Bildungen die primären Steingehalte unterschiedlich und häufig kompliziert. Die folgende Aufstellung soll das verdeutlichen und darüber hinaus einen Überblick über die primären Steingehalte der wichtigsten geologischen Bildungen im Flachland ermöglichen:

a) Bildungen des Holozäns sind — besonders, wenn es sich um organogene Bildungen handelt — meist frei von Steinen. Unter besonderen geomorphologischen Bedingungen (hohe Reliefenergie oder exponierte Flußauen) sind bei entsprechender lithologischer Zusammensetzung der Zufuhrgebiete auch steinreiche Ablagerungen möglich.

b) Bildungen der hoch- bis spätglazialen periglaziären Trockentäler sind in den Oberläufen gewöhnlich grob und steinig, in den Unterläufen dagegen überwiegend steinarm. Zugehörige Schwemmkegel sind meist, aber nicht immer steinarm (abhängig von der Lage der örtlichen Erosionsbasis und dem lithologischen Aufbau des zugehörigen Abtragungsgebietes). Steinreich sind meist die Schwemmkegelwurzeln.

c) Bildungen der Urstromtäler sind oberflächennah gewöhnlich steinarm bis schwach steinig.

d) Bildungen der Sander sind wie die der Urstromtäler gewöhnlich oberflächennah steinarm bis schwach steinig. Ausnahmen bilden Schlauchsander und Sanderwurzeln, die oft aus gröberem bis sehr steinigem Material bestehen.

e) Bildungen der Satzendmoränen sind stets grob ausgebildet und meist extrem reich an Steinen.

f) Bildungen der Grundmoränen (Geschiebemergel und -lehm) sind gewöhnlich mäßig steinig.

Großräumig und unabhängig von lokalen geologischen Verhältnissen betrachtet, nehmen Zahl und Größe der Steine anscheinend ebenso wie die maximale Findlingsgröße (SCHULZ 1968) von N nach S mit der Länge des glazialen Transportwegs ab. Damit in Einklang steht die Beobachtung, daß in unseren Flachlandgebieten in gleichen Räumen jeweils ältere Grundmoränenbildungen durchschnittlich steinreicher als jüngere sind (s. HANNEMANN & KURZWEIL 1968). Diese Beobachtung hat in Gebieten, in denen ältere pleistozäne Bildungen jüngere durchragen, für die Bodensteinigkeit eine besondere Bedeutung.

Nach vorliegenden Beobachtungen führte die periglaziäre Umlagerung und Umwandlung fast immer zu einer Erhöhung der Steingehalte in der oberflächennahen Schicht, d. h. der gewöhnlich 0,2 bis 0,6 m mächtigen periglaziären Umlagerungszone. Die Erhöhung gegenüber den Steingehalten des primären Ausgangsgesteins ist in der Regel um so größer, je länger die periglaziäre Einwirkung angedauert hat. Läßt man einmal den Einfluß des primären Steingehalts und örtlicher Besonderheiten außer Betracht, so bedeutet das: Je älter das primäre Ausgangsgestein, desto höher der Steingehalt des Bodens. Wie groß nach dieser einseitigen Betrachtungsweise die Steingehalte in den Böden auf verschiedenen, jedoch zu einer Vereisung gehörenden geologischen Bildungen sein müssen, läßt sich aus folgender vereinfachter Altersfolge ableiten (vom Jüngeren zum Älteren):

a) Bildungen der periglaziären Trockentäler und Schwemmkegel,

b) Bildungen der Grundmoränen,

c) Bildungen der Endmoränen, Sander und Urstromtäler.

In allen Fällen, in denen ältere pleistozäne Bildungen die Decke jüngerer Bildungen durchragen (vgl. HANNEMANN 1969), sind die zu erwartenden Steingehalte entsprechend höher.

Der tatsächliche Steingehalt des Bodens ist jedoch nicht nur vom primären Steingehalt des Ausgangsgesteins und von der Dauer der periglaziären Beanspruchung abhängig. Lokale Besonderheiten können so einflußreich sein, daß die nach Alter und Steingehalt des primären Ausgangsgesteins zu erwartenden Gehalte nicht auftreten. Mit Abweichungen ist überall dort zu rechnen, wo die Reliefenergie entweder sehr groß ist oder nach dem Schmelzen der pleistozänen Gletscher sehr groß war. In entsprechenden Gebieten waren teils unter periglaziären Klimaverhältnissen und teils noch im Holozän die äolischen und solifluidalen Einwirkungen sehr groß. Besonders exponierte Gebietsteile sind — wenn auch vergleichsweise schwach — noch heute den abtragenden und ablagernden Wirkungen des Windes sowie im Verlauf wechselnder Gefrornis der Solifluktion ausgesetzt.

Die Mitwirkung des Windes schon vor und bei der Bildung der periglaziären Umlagerungszone ist durch die Häufigkeit der windgeschliffenen Gerölle und Geschiebe in den umgelagerten Sedimenten erwiesen. Auf verbreitet auftretende Denudationspflaster haben besonders DÜCKER (1954) und NITZ (1965) hingewiesen. Der Nachweis, daß die periglaziäre Umlagerungszone an bestimmten Stellen eine Solifluktionsbewegung durchgemacht hat, ist erbracht. Das zeigen besonders die Untersuchungen von H. SCHULZ (1954) über die Zurundung von Steinen und deren Orientierung entsprechend der Hangneigung. Mit noch stärkerer Solifluktion muß vor und während ihrer Bildung gerechnet werden.

An geomorphologisch exponierten Stellen findet man deshalb unter Umständen über steinfreiem Untergrund eine steinreiche Schicht. Seltener liegt auf steinreichem Untergrund eine steinarme periglaziäre (und vielleicht noch holozän beeinflußte) Umlagerungszone. Verschiedentlich ist Flugsand in die Umlagerung mit einbezogen. Durch Deflation wurden andererseits besonders auf sandigen Kuppen und Bergrücken Steine häufig sekundär angereichert. Zu den lokalen Abweichungen müssen auch periglaziär mehr oder weniger verschüttete Toteissenken gezählt werden, die geomorphologisch teilweise kaum noch zu erkennen sind, die sich aber durch verhältnismäßig steinarmen Boden auszeichnen. Die Bodensteinigkeit ist mithin auch von der fossilen und rezenten Reliefenergie sowie von der geomorphologischen Exposition abhängig.

4. Schlußfolgerungen

Aus den vielfältigen und komplizierten Abhängigkeiten der Bodensteinigkeit von geologischen Verhältnissen folgt, daß wissenschaftlich begründete Vorhersagen und Kartierungen der Bodensteinigkeit als Grundlage für vorteilhafte Schlageinteilungen und für den rationellen Einsatz von Entsteinungsgeräten nur nach geologischen Untersuchungen und Interpretationen möglich sind. Nur im Verlauf geologischer Untersuchungen können Zusammenhänge ergründet und Gesetzmäßigkeiten erfaßt werden, die eine rationelle Lösung der Probleme ermöglichen. Jeder Versuch einer Lösung der Probleme ohne ausreichende Kenntnis und Berücksichtigung der geologischen Verhältnisse muß entweder zu ungenauen Ergebnissen führen oder aber — bei Anwendung eines sehr engen Beobachtungsnetzes — zu aufwendig und damit unökonomisch sein.

Die geologischen Untersuchungen und Interpretationen müssen das Ziel verfolgen, die anstehenden Sedimente zu erkennen und zu unterscheiden, um sie ihrem Stoff, ihrer Dynamik, ihrer Lagerung und ihrem Alter nach zu erfassen und genetisch sowie paläogeographisch zu konnektieren. Bohrungen und Schürfe, nach geologischen Gesichtspunkten einzeln oder auf Linien angelegt, können zusammen mit natürlichen Aufschlüssen als Grundlage bestimmter geologischer Beobachtungen bzw. zu deren Kontrolle und Eichung sowie als Grundlage für Volumenberechnungen erforderlich sein.

Zusammenfassung

Die Bodensteinigkeit ist vom Steingehalt und Alter des jeweils anstehenden, periglaziär unveränderten Sediments sowie von der fossilen und rezenten Reliefenergie und der geomorphologischen Exposition abhängig. Ausreichend begründete Vorhersagen und rationelle Kartierungen der Bodensteinigkeit, die insbesondere als Grundlagen für den Einsatz von Bodenentsteinungsgeräten benötigt werden, sind deshalb nur nach bestimmten geologischen Untersuchungen und Interpretationen möglich.

Резюме

Каменистость почвы зависит от содержания в ней камней и возраста соответствующего встречающегося, перигляциально-неизмененного осадка, а также от ископаемой и современной энергии рельефа и геоморфологической экспозиции. Поэтому только после определенных геологических исследований и интерпретаций можно сделать достаточно обоснованные предсказывания и рациональные съемки каменистости почвы, нужные, в частности, как обоснование использования приборов для удаления камней из почвы.

Summary

The stoniness of soils depends on the content of stones and age of the outcropping sediment unchanged periglacially, as well as on the fossil and recent energy of relief and geomorphological exposition. Therefore, sufficiently founded predictions and rational mapping of the stoniness of soils, which are particularly wanted as bases for the operation of equipment freeing soils from stones, can only be made when following certain geological investigations and interpretations.

Literatur

DÜCKER, A.: Die Periglazialerscheinungen im holsteinischen Pleistozän. — Göttinger geogr. Abh., 16, Göttingen 1954.

FIEDLER, H.-J., M. ALTERMANN & W. NEBE: Bemerkungen zum Geschiebedecksand. — Wiss. Z. techn. Univ. Dresden, 12, 3, Dresden 1963.

HANNEMANN, M.: Saale- und weichselzeitliche glazigene Dynamik und Alter der Lagerungsstörungen im Jungmoränengebiet Brandenburgs. — Geologie, 18, 2, Berlin 1969.

HANNEMANN, M., & E. KURZWEIL: Abhängigkeiten physikalischer Eigenschaften vom Alter des Geschiebemergels in Jungmoränengebieten Brandenburgs. — Z. angew. Geol., 14, 4, Berlin 1968.

KOPP, D.: Die periglaziäre Deckzone (Geschiebedecksand) im nordostdeutschen Tiefland und ihre bodenkundliche Bedeutung. — Ber. geol. Ges. DDR, 10 6, Berlin 1965.

LEMBKE, H.: Probleme des Geschiebedecksandes im Jung- und Altmoränengebiet. — Ber. geol. Ges. DDR, 10, 6, Berlin 1965.

NITZ, B.: Windgeschliffene Geschiebe und Steinsohlen zwischen Fläming und Pommerscher Randlage. — Geologie, 14, 5/6, Berlin 1965.

SCHULZ, H.: Der Geschiebedecksand als spätglaziale Wanderschuttdecke im brandenburgischen Alt- und Jungmoränengebiet. — Petermanns geogr. Mitt., 1, Gotha 1956.

SCHULZ, W.: Die Verbreitung großer Geschiebe im Bereich der DDR. — Arch. Naturschutz Landschaftsforsch., 8, 3, Berlin 1968.

SOLGER, F.: Die Entstehung der nordostdeutschen Bodenformen während der Eiszeit. — Deutsche Urzeit, III, Berlin 1935.

— Zur methodischen Behandlung der Geschiebedecksandfrage. — Ber. geol. Ges. DDR, 10, 6, Berlin 1965.

VIETE, G.: Fragen des Geschiebedecksandes im norddeutschen Flachlande. — Ber. geol. Ges. DDR, 10, 6, Berlin 1965.

WAHNSCHAFFE, F.: Beitrag zur Entstehung des oberen Diluvialsandes. — Jb. kgl. preuß. geol. Landesanst. Bergakad. Berlin, für 1880, Berlin 1881.

Beiträge der Hydrogeologie zur Suche von Feststofflagerstätten in Sedimenten

GERALD MILDE & PETER DIETRICH, Freiberg (Sa.)

(Sektion Geowissenschaften der Bergakademie Freiberg, Lehrstuhl für Hydrogeologie, Sektionsveröffentlichung Nr. 67)

Die zunehmende Notwendigkeit der Suche nach verdeckten, tiefliegenden Lagerstätten bedingt immer mehr schon bei den Prognose- und Sucharbeiten den Einsatz aller erfolgversprechenden Methoden zur gegenseitigen Ergänzung, um zu maximalen Ergebnissen gelangen zu können. Dabei wird die Wichtigkeit komplexer, vielfältiger Untersuchungen, deren Synthese eine neue Qualität der Ergebnisse verspricht, mit zunehmender Kompliziertheit der Sucharbeiten (resultierend aus größerer Teufe, geringeren Gehalten usw.) immer deutlicher.

Ausgehend von rein bergmännischen Notwendigkeiten haben sich — angeregt durch Arbeiten zur Kohlenwasserstofferkundung (zuletzt z. B. POSPELOW 1967) — Untersuchungen der hydrogeologischen Verhältnisse als wichtige Ergänzung der geochemischen, radiohydrologischen und Modelluntersuchungen zur Lagerstätten-

Eingang des Manuskripts in der Redaktion: 7. 8. 1969.

Vortrag, gehalten zum XX. Berg- und Hüttenmännischen Tag, Freiberg, Juli 1969.

Tab. 1. Die wichtigsten physikochemischen Möglichkeiten der Erzabscheidung aus Grundwässern (zusammengestellt nach BATULIN u. a. 1965, BATULIN 1965, ČADEK u. a. 1968)

	Anreicherung von																				
	Li	Cu	Rb	Ag	Be	Zn	Sr	Cd	Ba	Hg	Ge	Pb	V	Cr	Mo	Se	U	Mn	Co	Fe	Ni
I. Oxydations-Barriere (scharfer Wechsel des Eh-Wertes der Wässer oder wasserführenden Gesteine)																	×	×	×	×	
II. Alkalische Barriere (scharfer Wechsel des pH-Wertes der Wässer)		×				×	×	×				×	×	×			×	×	×	×	×
III. H_2S-Reduktions-Barriere (bei Abbau organischer Substanzen oder sonstiger H_2S-Zufuhr)		×		×		×		×		×		×	×			×	×		×	×	×
IV. Adsorption u. a. an Hydroxiden, Tonmineralen, kohligen Substanzen, Phosphoriten)		×			×	×	×			×	×	×	×	×	×		×		×		×
V. Verdunstung (unter ariden Bedingungen)	×		×			×	×						×		×		(×)				
VI. Sulfat-Karbonat-Barriere							×		×												

genese wie überhaupt zur gesamten Minerogenie erwiesen. Für exogene epigenetische Lagerstätten kann dabei sogar von einer eigenen hydrogeologischen Prognose- und Suchmethode gesprochen werden. Um die Anwendungsmöglichkeiten derartiger Untersuchungen abzugrenzen, sei auf Abb. 1 verwiesen.

Besondere Bedeutung erlangten in letzter Zeit die exogen-epigenetischen (sogenannten Infiltrations-) Lagerstätten, auf die sich die hier gebotenen Ausführungen beziehen. Wenn auch die Möglichkeit dieser Art der Lagerstättengenese allgemein anerkannt werden muß, findet die Infiltrationstheorie — abgesehen von den U-Lagerstätten — neben vielen Verfechtern auch viele Gegner. Auf die Problematik kann hier nicht eingegangen werden. Die besondere Bedeutung der unterirdischen Wässer für die Bildung (und sei es nur eine Umlagerung), die Erhaltung und die Zerstörung von vielen Feststofflagerstätten liegt auf der Hand.

Nach einem kurzen Blick auf die wichtigsten Erkenntnisse der letzten Jahre, die die Verbindung zwischen Lagerstättengenese und Hydrogeologie betreffen, soll versucht werden, die möglichen hydrogeologischen Untersuchungen zu erläutern und ihre Bedeutung bzw. Aussagefähigkeit für Prognose- und Sucharbeiten einzuschätzen.

1. Das unterirdische Wasser als Agenz der Umverteilung von Feststoffen

Während man bis vor etwa 15 Jahren und gelegentlich auch noch heute dem Grundwasser im allgemeinen lediglich eine Bedeutung bei der Verwitterung und Auslaugung bzw. Verkarstung beimaß und seine Mitwirkung bei der Feststofflagerstättenbildung auf die Nähe des Grundwasserspiegels beschränkt glaubte (Oxydations- und Zementationsvorgänge), hydrother-

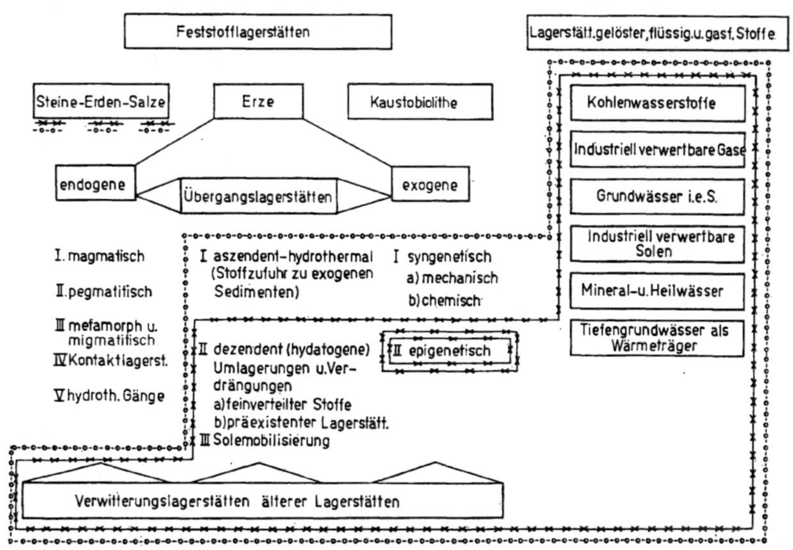

Abb. 1. Typen von Lagerstätten, die hydrogeologischen Prognose- und Sucharbeiten zugänglich sind

(Lagerstättenschema u. a. nach MAUCHER 1962); Linie mit Kreuzchen = mit hydrodynamischen Vorgängen verbundene Genese; Linie mit Kreisen = mögliche Zerstörung durch hydrodynamische Vorgänge. Nach W. G. BOGOLEPOW (1969) besitzen die Grundwässer auch für die Bildung hydrothermaler Lagerstätten große Bedeutung.

male Zufuhr für notwendig hielt oder lediglich Umlagerungen geringer Reichweite anerkannte, hat sich, von einzelnen Anfängen abgesehen (LINDGREEN 1911, BUTLER u. a. 1920, beide zitiert in BOGDANOW 1968), seit etwa 1955 (z. B. ISACHSEN u. a. 1955; Proceedings of the Int. Conf. on the Peacefull Uses of Atomic Energy 1955 und 1958; GRUNER 1956) eine eigene Schule von Vertretern der exogen-epigenetischen Lagerstättengenese herausgebildet — zuerst für das Uran, zunehmend aber auch für die in Tab. 1 gezeigten Elemente (vergleiche u. a. BRODSKI 1957; GARRELS 1959; ROUTHIER 1960; FISCHER & STEWART 1961; PERELMAN 1961, 1963; BOGOMOLOW 1963; SZALAY 1964; GERMANOW 1965; BATULIN u. a. 1965; SCHUILING 1966; WOROBJEW & GRUSCHEWOJ 1966; LÖTZSCH 1968; BAUMANN & TISCHENDORF 1968; ČADEK u. a. 1968; PREST u. a. 1969). Unsere Kenntnisse von den Lösungsbedingungen, der Art des Transports in Wässern, den Abscheidungsbedingungen usw., d. h. der Geochemie und Minerogenie überhaupt, sind je nach dem betrachteten Element sehr unterschiedlich umfassend. Von den hydromobilen Elementen ist zweifellos das Uran am eingehendsten untersucht worden. Deshalb und wegen der Bedeutsamkeit hydrogeologischer Prognose- und Sucharbeiten gerade für diesen Rohstoff, soll hier auf dieses Element hauptsächlich Bezug genommen werden. Außerdem sind z. B. auch die in Tab. 1 angeführten erzbildenden Elemente in mehr oder weniger starkem Maße einer Umverteilung durch das Grundwasser ausgesetzt.

Lösung von Feststoffen durch das Grundwasser

Dieser Komplex hat nicht nur Bedeutung für das Abgrenzen von Gebieten, in denen mit Sicherheit oder Wahrscheinlichkeit wegen lang dauernder Lösungsvorgänge die Existenz von Lagerstätten in Sedimenten ausgeschlossen werden kann. Auch für quantitative Einschätzungen der möglich oder wahrscheinlich eingetretenen Akkumulation oder Zerstörung, die auf den beobachteten oder rekonstruierten Gehalten der Wässer an der Nutzkomponente oder an lösungsfähigen Komponenten beruhen, sind Kenntnisse der Lösungsvorgänge und -intensitäten notwendig. Einen Eindruck über auftretende Gehalte vermittelt Tab. 2.

Beachtenswert sind die relativ geringen Gehalte der Süßwässer in Gegenüberstellung zu den möglichen Gehalten — einige Zehnerpotenzen höher — in Wässern, die aus durchschnittlich sauren Magmatiten 1000 ppm Na gelöst haben.

Die Lösungsvorgänge sind vielfältig abhängig, u. a. von der Art und Dispersion der zu lösenden Stoffe, von den physikochemischen Eigenschaften und der Zirkulation des Grundwassers, die ihrerseits wiederum von den rezenten bzw. paläogeographischen, -geomorphologischen, -klimatischen usw. Verhältnissen bestimmt werden.

Während für viele Elemente relativ wenig Kenntnisse vorliegen, existiert über das Uran ein umfangreiches Schrifttum (u. a. GRUNER 1952; SEABORG & KATZ 1954; MILLER 1958; RAFALSKY 1958, 1963; GARRELS 1955, 1960; DYBEK 1962; HARTH 1960; zusammenfassend BATULIN 1965, WERSCHININ 1968).

Transport von gelösten Feststoffen in Grundwässern

Bei der Betrachtung dieses wichtigen Vorgangs kann man sich — ähnlich wie bei der Lösung von Feststoffen — auf viele Arbeiten stützen, die sich mit der Art des Vorkommens transportierter Feststoffe in den Wässern, den physikochemischen Grenzbedingungen für diese Wässer usw. befassen (u. a. JUDSON & OSMOND 1955; GERMANOW u. a. 1958; BAAS BECKING u. a. 1960; SCOTT & BARKER 1962; BATULIN u. a. 1965; PECK 1967).

Für die hydrogeologischen Betrachtungen ist es wesentlich, daß die zumeist relativ geringen Gehalte der Wässer an der abzuscheidenden Nutzkomponente keinen bedeutenden Einfluß auf die physikochemischen Migrationsbedingungen der Grundwässer haben, die durch die Hauptkomponenten (Cl^-, SO_4^{--}, HCO_3^-, Na^+, Mg^{++}, Ca^{++}) beeinflußt werden.

Ebenso können die grundlegenden Gesetzmäßigkeiten der Hydraulik bzw. Hydrodynamik unterirdischer Wässer, wie sie, von DARCY ausgehend, in zunehmend modernerer mathematischer Formulierung, entwickelt wurden, als bekannt betrachtet werden (vgl. CHAPOUTHIER 1960).

Während die Vorgänge bei der Versickerung, d. h. der Grundwasserneubildung, noch weitgehend empirisch behandelt werden (zusammenfassend u. a. MUSGRAVE & HOLTAN 1964, GARDNER 1967), stützen sich die Theorien der Grundwasserströmungen in porösen Medien auf mathematische Ableitungen und Modelluntersuchungen, die es gestatten, die relativ unsicheren Randbedingungen zu variieren, um den natürlichen Verhältnissen nahezukommen (u. a. SCHEIDEGGER 1960, OWTSCHIN-

Tab. 2. Durchschnittliche Gehalte einiger Elemente in Magmatiten und Wässern (nach verschiedenen Autoren aus ČADEK u. a. 1968); alle Angaben in ppm

		Be	Ge	U	Cu	Pb	Zn	Mo	Ba	F
Durchschnitt Magmatite		4,2	4	2,6	70	16	80	1,7	640	660
Ultrabasite		0,2	–	0,03	80	–	50	0,4	15	100
Basische Magmatite		1,5	2,1	0,8	140	12	130	1,4	270	370
Saure Magmatite		5,5	3,5	3,5	30	48	60	1,9	830	800
Süßwässer	von	0,0001	–	0,00005	0,0002	0,0003	0,001	0,00055	0,000004	0,05
	bis			0,001	0,03	0,003	0,2	0,003	0,000035	1,0
Maximale theoretische Konzentration bei Auslaugung saurer Magmatite (≙ 1000 ppm Na)		0,15	0,14	0,09	2,5	0,56	2,85	0,06	22,5	23,0

Tab. 3. Für Feststofflagerstätten bedeutsame allgemeine hydrogeologische Faktoren

Faktoren	zu bestimmen über	bedeutsam für
A. Allgemeine rezenthydrogeologische Faktoren		
I. Hydrogeologische Parameter und Lagerungsverhältnisse i. w. S.	GW-Leiter- und -Stauer-Verteilung, Mächtigkeiten, Verbreitung, Lagerung, Verbindungen, petrophysikalische Ausbildung	Fixierung der allgemeinen hydrogeologischen Verhältnisse
II. Hydrodynamische Rayonierung		
Einzugsgebiete Transitzonen Entlastungsgebiete Fließgeschwindigkeiten Wasseraustauschverhältnisse Fließrichtungen	Aufschlußdokumentation, Strukturgeologie, Hydroisohypsen- bzw. -isopiezenpläne, petrophysikalische Parameter, Geomorphologie Tracerversuche, Altersbestimmung	Erfassung der hydrodynamischen Grundverhältnisse Migrationswege, Deutung von Anomalien, quantitative Einschätzung von Lösung und Abscheidung
III. Speisung der Grundwässer		
Infiltration aus Niederschlägen (Neubildung)	Wasserhaushaltsgleichung, Versickerungsfreundlichkeit	Strömungsmengen, Lösungs- und Transportintensität
vom Rande (krist. Rahmen) der Sedimentbecken	quantitativ schwer oder nicht erfaßbar	Zufuhr gelöster Feststoffe
sekundär (lokal aus anderen Grundwasserstockwerken)	hydraulische Verbindungsflächen, Druckgradienten	Filtrationseffekt (Entlastung durch Stauer; Adsorption möglich)
IV. Hydrochemische Rayonierung		
horizontale und vertikale hydrochemische Zonalität	Dokumentation und Interpretation hydrochemischer Daten (u. a. rechentechnische Behandlung)	Migrationsbedingungen epigenetische Zonalität
B. Allgemeine paläohydrogeologische Faktoren		
I. Paläohydrodynamik Sedimentationsetappen Infiltrationsetappen Wasseraustauschzyklen	rezente Hydrogeologie regionaltektonische Entwicklung, Diagenese, Paläohydrologie, -klimatologie, -geographie usw.	zeitlicher Ablauf der Hydrodynamik (Aussagen wie unter A. über längere geologische Zeiträume hinweg)
II. Paläohydrochemie	Epigeneseerscheinungen Rekonstruktion aus B. I. und A. IV.	zeitliche Veränderungen der Migrationsbedingungen und der Zonalität

NIKOW 1961, PYCHAZEW 1961, KLIMENTOW 1961, 1967, SCHNEEBELI 1966, GLOVER 1966).

Abscheidung von gelösten Feststoffen aus Grundwässern

Auf diesem Gebiet existieren wiederum je nach Element unterschiedliche Erkenntnisse. Allgemein lassen sich drei große Einflußgruppen (Kriteriengruppen) unterscheiden:

I. Hydrodynamische Kontrolle: Grundbedeutung für alle Transportprozesse in Grundwässern. Hauptgegenstand der hydrogeologischen Faktoren- und Kriterienanalyse.

II. Physikochemische Kontrolle: Die im wesentlichen hydrochemischen Verhältnisse bestimmen den Hauptteil der elementspezifischen Lösungs-, Transport- und Abscheidungskriterien (u. a. Ausfällung, Absorption, Ionenaustausch; z. B. ANDREJEW & TSCHUMATSCHENKO 1964, BATULIN u. a. 1965, JEWSEJEWA u. a. 1967).

III. Lithologisch-strukturelle Kontrolle: mittelbar auf I. und II. wirkend; z. T. bedeutender Einfluß (BAIN 1953, STOKES 1954, KELLEY 1955, WRIGHT 1955, KOROLJOW & TULEGENOW 1962, JEWSEJEWA u. a. 1967, KASCHIRZEWA 1968, ČADEK u. a. 1968).

Die verschiedenen Abscheidungsursachen können zusammenfallen und sich in ihrer Wirkung ergänzen oder einander entgegenstehen. Die Tätigkeit von Mikroorganismen kann mittelbar oder unmittelbar ebenfalls verstärkte Abscheidung zur Folge haben (z. B. KRAMARENKO 1968).

Bedeutung rezenter und paläohydrogeologischer Umverteilungen

Von allen Prozessen der Umverteilung bzw. der postdiagenetischen Zu- oder Wegführung von Feststoffen in Sedimenten sind nur zwei unmittelbar interessant: Bildung und Zerstörung ökonomisch nutzbarer Stoffakkumulationen (Lagerstätten). Ihre Analyse dient sowohl der Untersuchung regionaler Möglichkeiten (Prognose) als auch der Untersuchung konkreter Einzelfälle (Suche). Dabei können Paläoumverteilungen lediglich am Ergebnis (der Stoffakkumulation bzw. den Lagerstättenrelikten) erkannt, rezente bzw. andauernde Umverteilungen dagegen außer am Ergebnis auch am Vorgang selbst nachgewiesen werden. Dagegen sind die Möglichkeiten für derartige Umverteilungen aus geologischen, klimatischen, hydrogeologischen usw. Parametern der Gegenwart und der geologischen Vergangenheit unterschiedlich exakt ableitbar. Die Folgerung daraus ist eine Einschränkung bzw. Abgrenzung der Anwendungsmöglichkeiten hydrogeologischer Methoden für die Prognose- und Sucharbeiten:

Eine Prognose für durch das Grundwasser beeinflußte Lagerstätten ist immer und notfalls auch nur mit hydrogeologischen Methoden durchführbar. Sucharbeiten erfordern, da rezente Umverteilungen unterschiedlicher Größenordnung immer angenommen werden müssen, stets die Anwendung hydrogeologischer Methoden. Es sind zwei Fälle zu unterscheiden:

a) In Lösung befindliche Akkumulationen sind direkt durch die geochemische Prospektion nachweisbar. Die Interpretation dieser Befunde (nicht nur der hydrogeochemischen!) erfordert, besonders für verdeckte tiefliegende Lagerstätten, eingehende hydrogeologische Untersuchungen.

b) In fortdauerndem Wachstum bzw. in Entstehung oder Umlagerung befindliche Lagerstätten können dagegen mit Hilfe der geochemischen Prospektion nicht unmittelbar nachgewiesen oder angezeigt werden, da die Akkumulation auch aus Wässern mit unwesentlich erhöhten Gehalten des gesuchten Stoffs erfolgen kann. Hier erlangt die hydro-

Tab. 4. Auswahl hydrodynamischer Kriterien für Elementakkumulationen aus Grundwässern

Hydrodynamischer Faktor	Kriterien für die Akkumulation	Autoren (Auswahl)
I. Hydrogeologische Parameter		
Porenvolumen Porengrößenverteilung Durchlässigkeit	Bestimmung der Transportmöglichkeiten (Zirkulation, Diffusion) Lokalisierung von Erzkörpern möglich (Abhängigkeit der Abscheidung von hydrogeologischen Parametern)	KOROLJOW & TULEGENOW (1962), PECK (1967)
II. Hydrodynamische Rayonierung	Einschätzung der Höffigkeit aus Analogieschlüssen Gebiete und Typen möglicher Lagerstätten prognostizierbar: a) Abscheidung aus deszendenten kalten Wässern in Nähe der Einzugsgebiete (vor allem unter ariden Bedingungen und in der Nachbarschaft saurer Plutonite oder primärer Lagerstätten — meist ohne strukturelle Kontrolle) b) Abscheidung aus aszendenten, mitunter thermalen Wässern in den Entlastungsgebieten (z. T. unter starker struktureller Kontrolle)	SURASHSKIJ (1968)
III. Wasseraustauschverhältnisse		
Zahl und Dauer von Austauschzyklen Fließgeschwindigkeiten Wasseraustauschkoeffizienten	Verlagerung hydrochemischer Barrieren (z. B. der Grenze der Schichtoxydation) in Fließrichtung Quantitative Einschätzung möglicher Akkumulationen bzw. der Zerstörung	KARZEW (1963) WOROBJEW & GRUSCHEWOJ (1966)

geologische Methode in Verbindung mit den Abscheidungskriterien besondere Bedeutung.

Daneben haben Erkenntnisse über die natürlichen Vorgänge der Umverteilung praktische Bedeutung für die Entwicklung neuer Abbauverfahren (z. B. Gewinnung von U und Cu aus Sandsteinerzen durch Untertagelaugung).

Zusammenfassend kann festgestellt werden, daß zumindest für das Uran — in zunehmendem Maße aber sicherlich auch für andere hydromobile Elemente — alle Voraussetzungen für hydrogeologische Prognose- und Sucharbeiten auf Lagerstätten in Sedimenten gegeben sind und es lediglich auf eine klare Konzeption für diese Vorhaben ankommt.

2. Durchführung hydrogeologischer Untersuchungen bei der Prognose und Suche von Feststofflagerstätten in Sedimenten

Die derartigen Untersuchungen zugänglichen genetischen Typen von Lagerstätten bzw. die darin angereicherten Elemente wurden bereits erwähnt. Davon ausgehend sollen nun die zu klärenden hydrogeologischen Faktoren und Kriterien und ihre Bedeutung bzw. die davon ableitbaren Aussagen erläutert werden.

Analyse hydrogeologischer Faktoren

Als „hydrogeologische Faktoren" soll die Gesamtheit der rezent- und subrezent- bis paläohydrogeologisch bedeutsamen Verhältnisse verstanden werden. Sie sind für alle zugänglichen Lagerstättentypen und Nutzkomponenten gleichermaßen zutreffend und bedeutsam. Deshalb sind umfassende regionalhydrogeologische Untersuchungen, wie sie derzeit in der DDR begonnen werden, eine unserer vordringlichsten Aufgaben und Grundlagen nicht nur der Prognose und Suche von Feststoff-, sondern auch von Kohlenwasserstoff- und Grundwasserlagerstätten. Während die rezenten Verhältnisse einer Bestimmung prinzipiell zugänglich sind, müssen die gleichen paläohydrogeologischen Angaben erst aus einer Vielzahl z. T. nur unvollständig bekannter regionalgeologischer, tektonisch-struktureller, fazieller usw. Fakten rekonstruiert werden. Daher hängt die Möglichkeit der allseitigen Klärung aller wirkenden hydrogeologischen Faktoren maßgeblich vom allgemeinen geologischen Erkundungs- und Erforschungsgrad ab. Ohne diese Grundlage läßt sich auch mit einer großen Anzahl aussagekräftiger hydrogeologischer Aufschlüsse kein umfassendes Bild gewinnen.

Die für Prognose- und Sucharbeiten — unabhängig von der Art der gesuchten Nutzkomponente — möglichst zu klärenden hydrogeologischen Faktoren sind in vereinfachter Form in Tab. 3 zusammengefaßt. Die allgemeinen hydrogeologischen Verhältnisse lassen sich durch die Analyse der hydrogeologischen Parameter (petrophysikalische Ausbildung der Gesteine) und Lagerungsverhältnisse (Verteilung von Grundwasserleitern und -stauern, deren Verbreitung, Mächtigkeiten und Lagerung sowie hydraulische Verbindungsmöglichkeiten) erkennen. Daraus folgt, unter Auswertung aller hydrogeologischen Aufschlüsse und spezieller Verfahren, die hydrodynamische Rayonierung, d. h. die Feststellung von Einzugs-, Transit- und Entlastungsgebieten, von Fließrichtungen und -geschwindigkeiten usw., die u. a. Schlüsse auf Migrationswege, Stoffumsatz usw. zuläßt. Wegen der Wichtigkeit für den Stofftransport erfährt die Speisung der Grundwässer eine besondere Beachtung. Schließlich werden alle verfügbaren hydrochemischen Analysen dokumentiert und unter Beachtung der hydrodynamischen Verhältnisse interpretiert, so daß eine hydrochemische Rayonierung erfolgen kann.

Der erste Schritt bei der Faktorenanalyse muß die Klärung der rezenten hydrogeologischen Verhältnisse (s. o.) beinhalten. Erst dann kann die Erarbeitung der Paläohydrogeologie, die nur aus der Kenntnis der rezenten Hydrogeologie und vieler anderer Indizien rekonstruierbar ist, durchgeführt werden.

Zur Analyse bzw. Rekonstruktion paläohydrogeologischer Faktoren gilt es, die Veränderungen der Lagerungsverhältnisse und der hydrogeologischen Parameter während längerer geologischer Zeiträume zu erfassen, um daraus Schlußfolgerungen über die damaligen hydrodynamischen Verhältnisse ziehen und die paläohydrochemischen Verhältnisse näherungsweise bestimmen zu können.

Die zur Faktorenanalyse notwendigen vielfältigen Fakten aus anderen Wissenschaften oder Teildisziplinen zeigen die Kompliziertheit und zugleich die relative Unsicherheit in der Bestimmung hydrogeologischer Faktoren. Abb. 2 vermittelt eine Übersicht über das Zusammenwirken und die gegenseitige Ergänzung verschiedenen Faktenmaterials bis hin zur metallogenetischen Aussage.

Analyse hydrogeologischer Kriterien der Akkumulation bzw. Lösung von festen Nutzkomponenten

Als hydrogeologische Kriterien werden all jene hydrogeologischen Umstände, Bedingungen und Verhältnisse bezeichnet, die für die Bildung und Erhaltung oder auch für die Zerstörung von grundwasserbeeinflußten Lagerstätten spezifisch und kennzeichnend sind.

Für jede Gruppe geochemisch ähnlicher Elemente existiert eine Anzahl jeweils ähnlicher hydrogeologischer Kriterien. Außerdem bestehen einige allgemein zutreffende hydrogeologische Kriterien, wie z. B. die Intensität des Wasseraustauschs bzw. die Anzahl hydrogeologischer Zyklen, die Dispersion der Nutzkomponente usw. Daraus ist auch ersichtlich, daß einige hydrogeologisch bedeutsame Faktoren unmittelbar als Kriterien der Stoffakkumulation von Wichtigkeit sein können.

Da die Vielzahl bisher bekannt gewordener physikochemischer und lithologisch-struktureller Kriterien für die obenerwähnten hydromobilen Elemente hier nicht erläutert werden kann, soll nur eine Auswahl allgemeiner hydrodynamischer Kriterien für die Akkumulation fester Nutzkomponenten (speziell des Urans) gegeben werden.

Die Akkumulationsmöglichkeiten werden sowohl von den hydrogeologischen Parametern als auch von den hydrodynamischen Verhältnissen der Gegenwart — viel mehr aber noch der geologischen Vergangenheit — bestimmt. Wie in Tab. 4 anhand von Beispielen aus der Literatur gezeigt wird, sind vielfach Aussagen zur Feststoffabscheidung möglich.

Auswerte- und Aussagemöglichkeiten

Aus den in den vorangegangenen Abschnitten umrissenen Kenntnissen und anwendbaren Untersuchungsverfahren bzw. durch hydrogeologische Methoden erfaßbaren Daten, Parametern und Vorgängen lassen sich relativ weitreichende Schlußfolgerungen in bezug auf die Höffigkeit und die Suche von entsprechenden Feststofflagerstätten ziehen. Dabei ergeben viele an sich einfach erscheinende Einzeluntersuchungen und -befunde ein aussagekräftiges Gesamtbild der untersuchten regionalen Einheit. Im Idealfall lassen sich die Zirkulationsvorgänge in der betrachteten Schicht von der Ablagerung über die Diagenese und längere geologische Zeiträume hinweg bis zu den gegenwärtigen Verhältnissen lückenlos nicht nur qualitativ, sondern — mit Einschränkungen — auch quantitativ verfolgen. Auf dieser Grundlage können mit Hilfe der Abscheidungskriterien höffige Gebiete von perspektivlosen abgegrenzt und Ansatzpunkte für gezielte bergmännische Sucharbeiten festgelegt werden. Die getroffenen Aussagen können und müssen, da die hydrogeologische nur eine der vielen anwendbaren Methoden darstellt, mit Hilfe anderer überprüft und komplettiert werden, um zu maximalen Ergebnissen zu gelangen.

Zusammenfassung

Dieser Beitrag befaßt sich mit einer relativ neuen Seite der Hydrogeologie als einer Wissenschaft, die imstande ist, wichtige Parameter für geologische Prognose- und Sucharbeiten auf Lagerstätten fester mineralischer Rohstoffe in Sedimenten beizusteuern. Die Anwendungsbereiche werden umrissen, die Auswerte- und Aussagemöglichkeiten geklärt.

Резюме

Настоящая статья занимается сравнительно новой стороной гидрогеологии, как науки, способной дать важные параметры для геологических прогнозных и поисковых работ на месторождения твердых полезных ископаемых в осадках. Описываются области применения, выясняются возможности интерпретации и высказывания.

Summary

The present paper deals with a relatively new aspect of hydrogeology as a science able to contribute important parameters to geological prognosis and prospecting for deposits of solid mineral raw materials in sediments. Its fields of application are outlined and its possibilities of evaluation and statement are made clear.

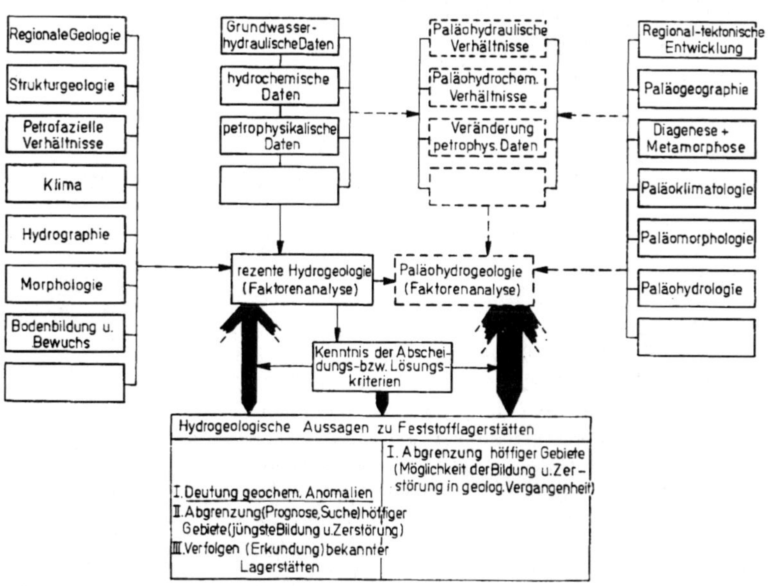

Abb. 2. Quellen hydrogeologischer Aussagen über Feststofflagerstätten

Literatur

BAAS BECKING, L. G. M., I. R. KAPLAN & D. MOORE: Limits of the natural environments in terms of pH and oxidation-reduction potentials. – Journ. Geology, **68**, 243–284 (1960).

BAIN, G. W.: Experimental simulation of plateau type uranium deposits. – U. S. Atomic Energy Comm., Oak Ridge/Tenn., RMO-44, 210 S.

BATULIN, S. G.: Epigenetische Prozesse in den Sedimentgesteinen und ihre Rolle bei der Erzbildung. – Vortr. VII. lithol. Allunionskonf. Geochemie der Sedimentgesteine und Erze, 16.–19. 11. 1965.

BATULIN, S. G., u. a.: Exogen-epigenetische Uranlagerstätten. – Atomisdat, 324 S., Moskau 1965; dt. Übers.: WTE bei der Uranerkundung in der SU, H. 18 (1968) bis 25 (1969).

BAUMANN, L., & G. TISCHENDORF: Bericht über das II. Symposium der IAGOD in St. Andrews, Schottland. – Z. angew. Geol., **14**, 3, 157–160, Berlin 1968.

BOGDANOW, J. W.: Genetische Klassifikation stratifizierter Kupferlagerstätten. – Z. angew. Geologie, **14**, 8, 406–415, Berlin 1968.

BOGOLEPOW, W. G.: Über die Rolle der Grundwässer bei der Bildung hydrothermaler Lagerstätten in Zentral-Kasachstan. – Dokl. Ak. nauk. SSSR, 187, 6, 1368–1370 (1969).

BOGOMOLOW, G. W.: Paläohydrogeologische Karten als eine der möglichen Untersuchungsmethoden zum Nachweis nutzbarer Bodenschätze. – Ber. geol. Ges. DDR, Sonderh. 1, 195–200, Berlin 1963.

BRODSKI, A. A.: Die hydrochemische Methode zum Aufsuchen von Erzlagerstätten (vorläufige methodische Hinweise). – Gosgeoltechisdat, Moskau 1957.

ČADEK, J., M. MALKOWSKY & Z. ŠULCEK: Geochemical significance of subsurface waters for the accumulation of ore components. – Intern. Geol. Congr., Report of the 23nd Session 1968; Proceedings of Session 6: Geochemistry, 161–168.

CHAPOUTHIER, P.: Exposé introductif: L'hydraulique souterraine dans son cadre historique. In: L'hydraulique souterraine. – Bd. 1, XXXI–LX (1960).

DYBEK, J.: Zur Geochemie und Lagerstättenkunde des Urans. – Clausthaler Hefte zur Lagerstättenkde. u. Geochem. der miner. Rohstoffe, Bd. 1, 163 S. (1962).

FISCHER, R. P., & J. H. STEWART: Kupfer-, Vanadium- und Uranlagerstätten in Sandsteinen – ihre Verteilung und ihre geochemischen Zyklen. – Economic Geology, **56**, 3, 509–520 (1961) (engl.).

GARDNER, W. R.: Development of modern infiltration theory and application in hydrology. – Transact. ASAE, **10**, 3, 379–381, 390 (1967).

GARRELS, R. M.: Some thermodynamic relations among the uranium oxides and their relation to the oxidation states of the uranium ores of the Colorado Plateaus. – Amer. Miner., 40, 1004–1021 (1955).

– Mineral equilibria at low temperature and pressure. – 254 S., New York 1960.

GERMANOW, A. J.: Die unterirdischen Wässer als Faktoren der Umverteilung und Konzentration von chemischen Elementen. – Vortr. VII. lithol. Allunionskonf. Geochemie der Sedimentgesteine und Erze, Moskau 16.–19. 11. 1965.

GERMANOW, A. J., S. G. BATULIN u. a.: Some regularities of uranium distribution in underground waters. – Proc. Sec. UN Intern. Conf. on the Peaceful Uses of Atomic Energy, 2, 161–177, Genf 1958.

GLOVER, R. E.: Ground water movement. – U. S. Gov. Pr. Off., 31, 76 S., Washington 1966.

GRUNER, J. W.: New data of synthesis of uranium minerals. – Atomic Energy Comm. RMO-983, part I, 26 S.

– Concentration of uranium in sediments by multiple migration-accretion. – Econ. Geol., **51**, 6, 495–520 (1956).

HARTH, H.: Die Abhängigkeit der Radioaktivität in Wasserläufen und im Grundwasser von Niederschlag, Vegetation und Boden der Einzugsgebiete. – Dt. gewässerkdl. Mitt., Sonderh. 1960, S. 31–35 (1960).

ISACHSEN, Y. W., T. W. MITCHAM & H. B. WOOD: Age and sedimentary environments of uranium host rocks, Colorado Plateau. – Econ. Geol., **50**, 2, 127–134 (1955).

JEWSEJEWA, L. S., u. a.: Einige Gesetzmäßigkeiten der Bildung epigenetischer Uranerze in Sandsteinen nach experimentellen und radiochemischen Daten. – Atomnaja energija, 14, 5, 474–481 (1963).

JUDSON, S., & J. K. OSMOND: Radioactivity in ground and surface water. – Amer. J. Science, 253, 104–116 (1955).

KARZEW, A. A.: Hydrogeologie der Erdöl- und Erdgaslagerstätten. – Gostoptechisdat, 353 S., Moskau 1963.

KASCHIRZEWA, M. F.: Einfluß der stofflichen Zusammensetzung der Gesteine auf die epigenetische Bildung von Urankonzentrationen. – Sowjetskaja geologija, **11**, 6, 65–75 (1968).

KELLEY, V. C.: Regional tectonics of the Colorado Plateau and relationship to the origin and distribution of uranium. – Univ. New Mexico, Publ. in geology, Albuquerque, 5, 89–120 (1955).

KEYS, W. S., & P. H. DODD: Lithofacies of continental sedimentary rocks related to significant uranium deposits in the western United States. – Proc. Sec. Atomic Energy Conf., 2, 367–378, Genf 1958.

KLIMENTOW, P. P.: Die Dynamik unterirdischer Wässer. – Gosgortechisdat, 514 S., Moskau 1961.

– Methodik hydrogeologischer Felduntersuchungen auf der Grundlage des Studiums unterirdischer Wässer der Lagerstätten fester Minerale. – Isdat. Wysschaja Schkola, Moskau 1967.

KOROLJOW, A. W., & T. TULEGENOW: Das Porenvolumen der Gesteine – – ein Faktor der Erzabscheidung. – Z. angew. Geol., **8**, 1, 18–21, Berlin 1962.

KRAMARENKO, L. E.: Die Bedeutung des biogenen Faktors in der sedimentären Erzbildung. – Sowjetskaja geologija, **11**, 4, 70–82 (1968).

LÖTZSCH, F.: Zur metallogenetischen Analyse des Südens der DDR. – Z. angew. Geol., **14**, 7, 338–355, Berlin 1968.

MAUCHER, A.: Die Lagerstätten des Urans. – Verl. Vieweg u. Sohn, 162 S., Braunschweig 1962.

MILLER, L. J.: The chemical environment of pitchblende. – Econ. Geol., **53**, 521–545, Lancaster 1958.

MUSGRAVE, G. W., & H. N. HOLTAN: Infiltration. In: Applied Hydrology (ed. by Ven Te Chow). – Verl. McGraw-Hill, S. 12/1–12/30 (1964).

OWTSCHINNIKOW, A. M.: Zur Methodik der hydrogeologischen Forschung in Wasserdrucksystemen. – Trudy 1. ukr. gidr. Sowjestschenija, 1, 266–272, Kiew 1961.

PECK, A. J.: Mass transport in porous rocks. – Mineralium Deposita, **2**, 3, 243–247 (1967).

POSPELOW, G. L.: Elemente der geologischen Ähnlichkeit von Erdöl- und fluidogenen Erzlagerstätten. – Geologija i geofisika, 11, 3–22, Nowosibirsk 1967.

PREST, V. K., H. R. STEACY & T. J. BOTTRILL: Occurrences of uranium and vanadium in Prince Edward Island. – Geol. Surv. of Canada, Paper 68–74, 14 S. (1969).

PYCHAZEW, G. B.: Unterirdische Hydraulik. – Gostoptechisdat, 387 S., Moskau 1961.

RAFALSKY, R. P.: The experimental investigation of the conditions of uranium transport and deposition by hydrothermal solutions. – Proc. Sec. UN Intern. Conf. Peacef. Uses Atomic Energy, 2, 432–444, Genf 1958.

– Die physikochemischen Bildungsbedingungen der Uranerze. – Gosatomisdat, Moskau 1963.

ROUTHIER, P.: Einige moderne Richtungen auf dem Gebiet der Erzlagerstättengeologie in Frankreich. – Isw. Akad. nauk SSSR, ser. geol., 10, 22–40 (1960); dt. Übers. in: Wiss.-techn. Inform.-Dienst, **2**, 2, 3–20, Berlin 1961.

SCHEIDEGGER, A. E.: The physics of flow through porous media. – 313 S., Toronto 1960.

SCHNEEBELI, G.: Hydraulique souterraine. – Verl. Eyrolles, 362 S., Paris 1966.

SCHUILING, H.: Die Kupferlagerstätten von Katanga. – Schriftenr. GDMB, H. 18, 150 S., Clausthal-Zellerfeld 1966.

SCOTT, R. C., & F. B. BARKER: Data on uranium and radium in ground water in the U. S. 1954 to 1957. – Geol. Surv. Prof. Paper, 426, 115 S., Washington 1962.

SEABORG, G. T., & J. J. KATZ: The actinide elements. – Verl. McGraw-Hill Book Comp., 870 S., New York 1954.

STOKES, W. L.: Relation of sedimentary trends, tectonic features, and ore deposits in the Blanding district, San Juan County, Utah. – U. S. Atomic Energy Comm. RME-3093, part I (1954).

SURASHSKIJ, D. I.: Die Entwicklung der Urangeologie in der Sowjetunion. – Z. angew. Geol., **14**, 5, 268–271, Berlin 1968.

SZALAY, A.: Cation exchange properties of humic acids and their importance in the geochemical enrichment of UO_2^{++} ions and other cations. – Geochim. et Cosmochim. Acta, 28, S. 1605 (1964).

VINE, J. D., V. E. SWANSON & K. G. BELL: The role of humic acids in the geochemistry of uranium. – Proc. Sec. UN Intern. Conf. Peacef. Uses Atomic Energy, 2, 187–191, Genf 1958.

WERSCHININ, A. S.: Veränderung des radioaktiven Gleichgewichts zwischen Uran und Radium in unterirdischen Wässern. – Raswedka i ochrana nedr, **34**, 5, 58–60 (1968).

WHITE, D. E., J. D. HEM & G. A. WARRING: Chemical composition of subsurface waters. – Geol. Surv. Prof. Paper, 440 F, 1–67.

WOROBJEW, W. P., & G. W. GRUSCHEWOJ: Genese von exogenen Uranlagerstätten in Sedimentgesteinen. – Geologija rudnych mestoroshdenij, 3, 84 (1966); dt. Übers.: WTE bei der Uranerkundung in der SU, 16, 26–47.

Über ein bemerkenswertes Tiefenkarstvorkommen

WOLFGANG JUNG & MARTIN SPILKER, Sangerhausen

1. Einleitung

Die Beschäftigung mit Karstphänomenen ist nicht nur wissenschaftlich außerordentlich reizvoll, sondern in vielen Fällen stellt die systematische Bearbeitung derartiger Komplexe eine zwingende Notwendigkeit zur Beurteilung ingenieurgeologischer und ähnlicher Probleme dar. In diese Kategorie gehört zweifelsohne auch die Aufhellung von Subrosionserscheinungen im große Teile der DDR bedeckenden Zechsteinsalinar. Verf. halten es daher für unerläßlich, diesen Gegenstand betreffende neue Beobachtungen und Erkenntnisse laufend zu diskutieren und teilen unter diesem Aspekt Erweiterndes für das südöstliche Harzvorland mit.

2. Bemerkung zur geologisch-hydrogeologischen Situation in der Mansfelder Mulde

Unter Zugrundelegung neuerer geologischer Untersuchungsergebnisse haben JUNG & LIEBISCH (1966) in dieser Zeitschrift die untertägigen Wasserzuflüsse in ihrer geologisch-tektonischen Position mengenmäßig

Eingang des Manuskripts in der Redaktion; 15. 8. 1969.

Abb. 1. Erdfall am Bindersee am 26. 12. 1961, Blick von S nach N (Foto: SPILKER)

und chemisch charakterisiert und versucht, Herkunft und Wanderwege der Grubenwässer sowie die stattgehabten und rezenten Auslaugungsvorgänge zu analysieren und komplex zu interpretieren.

Als ein wichtiges Ergebnis der Untersuchungen wurde herausgestellt, daß die durch den Kupferschieferbergbau in der Mansfelder Mulde gehobenen Wassermengen größer sind, als sich durch Niederschläge und Bachversinkungen aus dem steinsalzfreien Gebiet dieses Areals herleiten läßt. Die Größenordnung des Grubenwasserüberschusses liegt bei rund 10 Mill. m^3/a.

In entsprechender Berücksichtigung der bruchtektonischen Verhältnisse im Südwestteil der Mansfelder Mulde, der Untersuchungsergebnisse von LORENZ (1962) über die Ursachen der wichtigsten Wassereinbrüche im Kupferschieferbergbau und der Beobachtung von LIEBISCH, daß zwischen Erdfallbildung und Seespiegelreduktion im Bindersee einerseits und der Erhöhung der Salzwassermenge im Bereich 5. Sohle, Zirkel-

Abb. 2. Strudelbildung im Erdfall am 3. 11. 1968 (Foto: BRENDEL)

schacht, Beziehungen bestehen, wurde vermutet, daß ein Teil des Grubenwasserüberschusses aus dem Areal des Störungskreuzes der erzgebirgisch streichenden Hornburger Tiefenstörung mit dem herzyn verlaufenden Martinsschächter Rückengraben herzuleiten ist (vgl. Abb. 3).

Erneute Veränderungen am Bindersee und im Zusammenhang damit stehende neue Daten über das Zuflußgeschehen in der Grube führten, wie im folgenden gezeigt wird, zu einer grundsätzlichen Erweiterung unserer Kenntnisse.

3. Über die Geschehnisse am Bindersee

Am 3. April 1961 (vgl. KAMMERER 1962) entstand dicht am Westufer des Bindersees, eines Restsees des bis 1892 vorhandenen Salzigen Sees, ein Erdfall. Er erreichte bei Abmessungen von 18×25 m an der Ober-

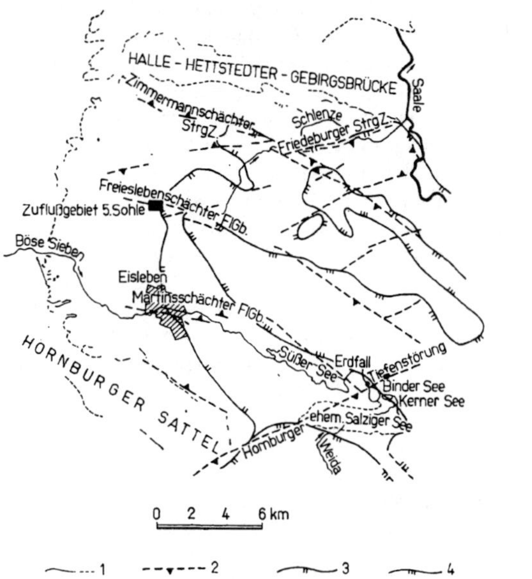

Abb. 3. Situationsskizze der Mansfelder Mulde

1 – Ausgehendes des Kupferschiefers; 2 – Hauptstörungszonen, Pfeilspitze in Richtung gesunkener Schollen; 3 – Verbreitungsgrenze des Staßfurt-Steinsalzes, Querstriche in Richtung Salz; 4 – Verbreitungsgrenze des Leine-Steinsalzes, Querstriche in Richtung Salz

fläche eine Tiefe von etwa 12 m. Der Erdfall war zunächst trocken, füllte sich aber nach und nach mit Wasser. Durch Nachbruch der Ränder entstand auch bald eine unmittelbare Verbindung mit dem Bindersee (Abb. 1).

Am 16. Dezember 1961 wurde festgestellt, daß unter geschlossener Eisdecke Wasser aus dem Bindersee in den Erdfall floß. Durch den Wasserverlust erhielt die Eisdecke Risse. Am 25. Dezember 1961 war der Erdfall plötzlich wasserleer, füllte sich aber im Laufe des 26. Dezember allmählich wieder, und am 27. Dezember hatte sich eine gleiche Höhe der Wasseroberfläche im See und im Erdfall eingependelt.

Am 1. November 1968 wurde am Bindersee erneut ein Wasserspiegelabfall beobachtet, der unter zunehmender Abschwächung bis zum 6. November anhielt und insgesamt etwa 80 cm erreichte. Diese Niveaureduktion hatte ihre Ursache in einer offensichtlichen Belebung von Bewegungsvorgängen am Erdfall, in den nach Angaben der Wasserwirtschaftsdirektion Saale—Weiße Elster in Halle während etwa 110 Stunden circa 200000 m³ Wasser eingeströmt waren. Im Erdfall selbst bildete sich ein flacher Strudel (Abb. 2).[1])

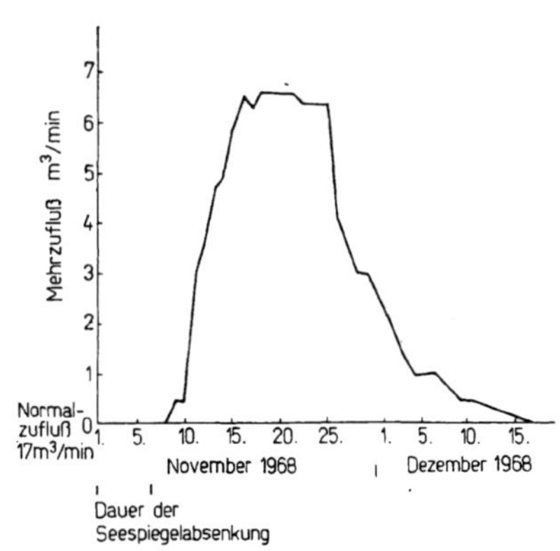

Abb. 4. Mehrzuflüsse in der 5. Sohle, Zirkelschacht, im November/Dezember 1968

Verteilt man die aus dem Bindersee abgeflossene Wassermenge gleichmäßig auf die Gesamtzeit der sichtbaren Veränderungen, so sind im Erdfall pro Sekunde 0,5 m³ Wasser verschwunden. Über evtl. Maximalabflüsse können weder zeitliche noch mengenmäßige Angaben gemacht werden.

4. Veränderungen der Grubenzuflüsse

Sofort nach Bekanntwerden der vorstehend skizzierten Ereignisse am Bindersee im November 1968 wurde eine verschärfte Kontrolle der wichtigsten untertägigen Zuflußstellen im Grubengebäude der Mansfelder Mulde durchgeführt. Es ergab sich, daß lediglich im Bereich des Wassereinbruchs von 1907 im Gebiet der 5. Sohle, Zirkelschacht, Mehrzuflüsse auftraten. Sie setzten aber erst am 9. November, also 8 Tage nach Beginn der Seespiegelabsenkung ein und erreichten mit dem 16. November ihr Maximum, das 10 Tage beibehalten wurde. Wie Abb. 4 zeigt, trat dann rasch eine Reduzierung ein, und am 15. Dezember war wieder Normalzufluß, der in der Größenordnung von 17 m³/min liegt, zu konstatieren. Wie Abb. 4 weiter veranschaulicht, lagen die Maximalmenge des Mehrzuflusses bei 6,5 m³/min und die Gesamtdauer der überdurchschnittlichen Schüttung bei 35 Tagen. Insgesamt flossen aus dem Bindersee rd. 170000 m³ über normal zu. Diese Zahl stimmt mit der von der Wasserwirtschaftsdirektion angegebenen Wassermenge annähernd überein. Gleichlaufend mit dem Anstieg der Zuflußmenge unter Tage erhöhte sich die Dichte der Wässer von 1,190 auf 1,200. Festzuhalten ist noch die Beobachtung, daß die Hauptmenge des Mehrzuflusses im wesentlichen von zwei Austrittsstellen stammte. An einigen Zuflußstellen geringerer Intensität in unmittelbarer Nähe der beiden Hauptzuflußstellen erhöhten sich außerdem geringfügig die Schüttungsmenge und die Dichte der Wässer.

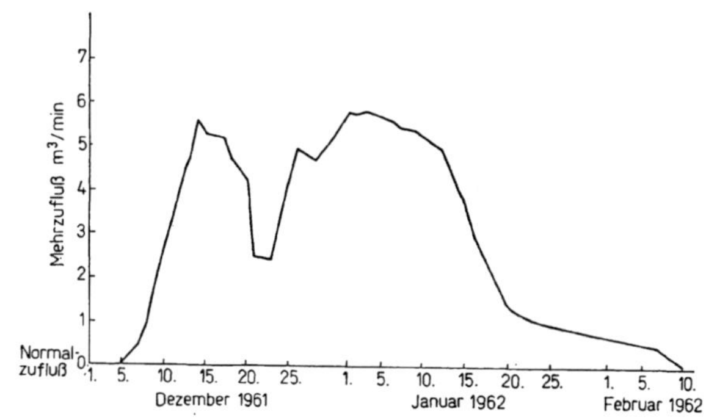

Abb. 5. Mehrzuflüsse in der 5. Sohle, Zirkelschacht, vom Dezember 1961 bis Februar 1962

[1]) Diese Aufnahme wurde uns freundlicherweise vom Koll. Dipl.-Geol. K. BRENDEL zur Verfügung gestellt, wofür hier nochmals gedankt sei.

Dadurch verschob sich die Grenze zwischen Süß- und Salzwasserzuflußstellen etwas nach Westen vom Salzrand weg (vgl. dazu JUNG & LIEBISCH 1966).

5. Ergebnisse

Mit den geschilderten Gegebenheiten werden die bisherigen hinsichtlich der Grubenhydrogeologie ausgesprochenen Vermutungen nicht nur als richtig erkannt, sondern es wird quasi mittels eines natürlichen, positiv verlaufenen „Markierungsversuchs" der exakte Beweis erbracht, daß im Gebiet des ehemaligen Salzigen Sees versinkendes Wasser in den Grubenbauen des Kupferschieferbergbaus ausfließt. Damit sind zusammenhängende unterirdische Tiefenkarstgerinne von rund 20 km Länge im Zechstein-Salinar nachgewiesen. Der Höhenunterschied von Wassereintritts- zu Wasseraustrittsstelle beträgt rund 300 m. Die Fließgeschwindigkeit der Wässer liegt in der Größenordnung von 1 m/min und entspricht damit den Werten, die VIETE (1954) im Gipskarst des südlichen Harzrandes experimentell ermittelte.

Wie die nochmalige Durchsicht der Meßwerte von den Ereignissen im Dezember 1961 ergab, können die seinerzeit nicht sicher zu beurteilenden Vorgänge im Licht der neuen Ergebnisse jetzt bündiger gekennzeichnet werden. Der Mehrzufluß in der Grube hielt damals mit allen auch 1968 festgestellten Begleiterscheinungen vom 5. Dezember 1961 bis 25. Januar 1962, also rund 50 Tage, an. Es ergeben sich gegenüber der Normalmenge ebenfalls Spitzenwerte von 6—6,5 m^3/min (vgl. Abb. 5). Der übernormale Gesamtzufluß liegt mit 250000 m^3 um rund 30% höher.

Insgesamt schlußfolgernd kann jetzt kein Zweifel mehr darüber bestehen, daß ein großer Teil des Grubenwasserüberschusses in der Mansfelder Mulde von Einzugsgebieten gespeist wird, die relativ weit vom Zechstein-Ausgehenden entfernt sind.

Sowohl 1961/1962 als auch 1968 lagen die Wasserverluste am Bindersee in der Größenordnung von 30 m^3/min, der Mehrzufluß in der Grube aber maximal bei nur 6,5 m^3/min. Offensichtlich gibt es auf der Strecke vom Bindersee zum Traufengebiet 5. Sohle, Zirkelschacht, ein „Nadelöhr", oder der relativ lange Weg bedingte diese Verteilung.

Zusammenfassung

Auf Grund geschilderter neuer Ereignisse im Südwestteil der Mansfelder Mulde werden früher geäußerte Vermutungen hinsichtlich der Grubenhydrogeologie als richtig erkannt und der exakte Nachweis erbracht für weiträumige Wasserwanderungen im Zechstein-Karst.

Резюме

На основе описанных новых событий в юго-западной части Мансфельдской мульды подтверждаются высказанные ранее предположения относительно рудничной гидрогеологии; было дано точное доказательство обширных миграций вод в цехштейновом карсте.

Summary

On the basis of new events described from the southwestern part of the Mansfeld syncline suppositions uttered earlier on the hydrogeology of mines were found to be correct, and it was produced exact evidence for large-area migrations of water in the Zechstein (Upper Permian) karst region.

Literatur

JUNG, W., & K. LIEBISCH: Die Grubenhydrogeologie in der Mansfelder Mulde. — Z. angew. Geol., 12, 10, 511—521, Berlin 1966.
KAMMERER, F.: Ein neuer Erdfall bei Rollsdorf im Kreise Eisleben. — Hallesch. Jb. mitteldt. Erdgesch., 4, 82—89, Berlin 1962.
LIEBISCH, K.: Die untertägigen Wasserzuflüsse in der Mansfelder Mulde. — Mitt. der Kammer der Technik, Betriebssektion VEB Mansfeld-Kombinat „W. Pieck", Eisleben, H. 5 (1965) und H. 1 (1966).
LORENZ, S.: Wassereinbrüche im Mansfelder Kupferschieferbergbau. — Z. angew. Geol., 8, 6, 310—316, Berlin 1962.
VIETE, G.; Geologische und hydrologische Untersuchungen im Gipskarst des östlichen Südharzrandes. — Freiberger Forsch.-H., C 9, 46—77, Berlin 1954.

Zur Spezifik und ökonomischen Bewertung geologischer Gebietsressourcen

VOLKER MANHENKE, Leipzig

(Mitteilung Nr. 287 des VEB Geologische Forschung und Erkundung, Betriebsteil Freiberg, Sa.)

1. Vorbemerkungen

Die mineralischen Bodenschätze gehören zu den wichtigsten natürlichen Gebietsressourcen. Durch die enorme Entwicklung der Produktivkräfte und der Produktion wird die Bereitstellung von Rohmaterial aus den mineralischen Bodenschätzen der Natur nicht nur quantitativ ansteigen[1]), sondern es werden auch neue, bisher nicht genutzte mineralische Naturstoffe zu ökonomischen Faktoren des geographischen Milieus der Gesellschaft werden. Mit den Veränderungen in der Bedeutung der mineralischen Naturstoffe sind ebenso wie mit der Entdeckung bzw. Erschöpfung von Lagerstätten eine Umwertung und Veränderung der Standortbedingungen der Wirtschaftsgebiete und zum Teil auch der Standortanforderungen der Zweige verbunden. Neben den Bodenschätzen müssen auch die ingenieurgeologischen Eigenschaften der Erdkruste den natürlichen Gebietsressourcen zugeordnet und in die komplexe Betrachtung der Ressourcen einbezogen werden. Dieser Problemkreis steht in enger Beziehung zur territorialen Ökonomie und Planung.

Die erste Stufe für die Nutzung der geologischen Ressourcen und für ihre Einbeziehung in die rationelle gebietliche Koordinierung und in die Planung einer optimalen Territorialstruktur sind ihre geologische Erforschung und Erkundung. Somit berührt diese unter den Bedingungen des ökonomischen Systems des Sozialismus nicht nur den Interessenbereich der zentralen, sondern auch der örtlichen Staatsorgane.

Verf. ist der Meinung, daß bei der derzeitigen Diskussion über den ökonomischen Nutzeffekt geologischer Arbeiten und ihrer ökonomischen Stimulierung der komplexe Charakter der Ressourcennutzung und die spezielle Bedeutung geologischer Gebietsressourcen für die territorial-ökonomische Planung stärker berücksichtigt werden sollten.

Eingang des Manuskripts in der Redaktion: 2. 9. 1969.
Die Redaktion stellt diesen Aufsatz zur Diskussion.

[1]) Der Index der industriellen Bruttoproduktion des Bergbaus der DDR stieg von 1950 = 100 auf 204 im Jahre 1967 (Statistisches Jahrbuch der DDR. — Staatsverlag, Berlin 1968, S. 148 u. S. 152).

2. Stellung und Gliederung geologischer Gebietsressourcen

Die Erdkruste insgesamt kann als geologischer Faktor der unter dem Komplexbegriff „geographisches Milieu" zusammengefaßten Naturbedingungen aufgefaßt werden, wobei sich diese Definition zunächst auf die natürlichen Gegebenheiten des Milieus bezieht. Zur ökonomischen Seite gehören jeweils nur die ökonomisch nutzbaren Naturbedingungen, „selbst wenn sie noch nicht oder nicht vollständig genutzt werden. Man kann sie als bekannte Naturreserven der Produktion bezeichnen" (SCHMIDT-RENNER 1966, S. 67).

In Abhängigkeit vom Entwicklungsstand der Produktivkräfte und von der Produktionsweise der Gesellschaft werden bestimmte geologische Naturbedingungen zu den Ressourcen gerechnet. Die erste Voraussetzung für ihre Nutzung ist die genaue Kenntnis der geologischen Bedingungen. Hierin unterscheiden sich die geologischen Ressourcen von den meisten natürlichen Gebietsressourcen. Während der Erforschung der übrigen Faktoren des „geographischen Milieus", z. B. geographischen Lage, Reliefs, Großklimas, natürlichen Vegetation, seit langem große Aufmerksamkeit gewidmet wurde und sie überwiegend als bekannt angesehen werden können, sind die Erforschung und Erkundung der Erdkruste weit komplizierter (s. SIDORENKO 1968).

Im Rahmen der gesamtvolkswirtschaftlichen und insbesondere der territorialen Planung ist eine komplexe Betrachtung der geologischen Gebietsressourcen innerhalb sämtlicher Ressourcen, die in ihrem Zusammenwirken die Standortbedingungen dieser Gebiete bilden, erforderlich. Nach der Art der Nutzung im Produktionsprozeß soll folgende Gliederung der geologischen Gebietsressourcen vorgeschlagen werden (Tab. 1):

a) Mineralische Ressourcen. Das sind die Bodenschätze, die stofflich genutzt und verarbeitet werden.

b) Ingenieurgeologische Ressourcen. Sie können unterteilt werden in:

geologische Flächenressourcen. Das sind die ingenieurgeologischen Eigenschaften der Erdkruste zur Nutzung als Baugrund im Hoch- und Tiefbau usw. Auch die bodengeologischen und geomorphologischen Eigenschaften der Erdkruste könnten hier zugeordnet werden;

geologische Raumressourcen: Das sind die ingenieurgeologischen u. a. Eigenschaften der Erdkruste zur Nutzung als Speicherraum, z. B. für Gase, Flüssigkeiten und Industrieabfälle.

c) Geologische Energieressourcen. Das sind die Erdwärme und die Energie hoher natürlicher Drücke.

Diese Gliederung basiert in Anlehnung an die Politökonomie darauf, daß die Bodenschätze als Arbeitsgegenstände in einem einmaligen Produktionsprozeß verbraucht werden und nicht nur wertmäßig, sondern auch stofflich in das Bergbauprodukt eingehen. Die ingenieurgeologischen und Energieressourcen stellen dagegen Arbeitsmittel der gesellschaftlichen Produktion dar. Dabei werden die geologischen Energieressourcen — wenn sie auch praktisch unerschöpflich erscheinen — bei der Nutzung verbraucht; die ingenieurgeologischen Ressourcen aber können wiederholt genutzt werden.

Allerdings ist für mineralische Rohstoffe eines Bergbaubetriebs der Umstand eigentümlich, daß die Vorräte bei der Übergabe der Lagerstätten zur Nutzung im ganzen erworben werden und an der laufenden Produktion des Betriebs jeweils nur ein relativ kleiner Teil von ihnen unmittelbar beteiligt ist. Dementsprechend ist, nach STAMMBERGER (1966b, S. 46), die Zuordnung der erkundeten Lagerstättenvorräte zu den Grundmitteln eines Montanbetriebs theoretisch begründet.

Ein wesentlicher Gesichtspunkt für die Ökonomie der Nutzung von Naturstoffen ist die Frage ihrer Regenerierbarkeit (s. a. GRINGMUTH 1966, S. 189 bis 190). Die Bodenschätze, mit Ausnahme des Grundwassers, sind, historisch betrachtet, nicht regenerierbar. Sie

Tab. 1. Gliederung geologischer Gebietsressourcen

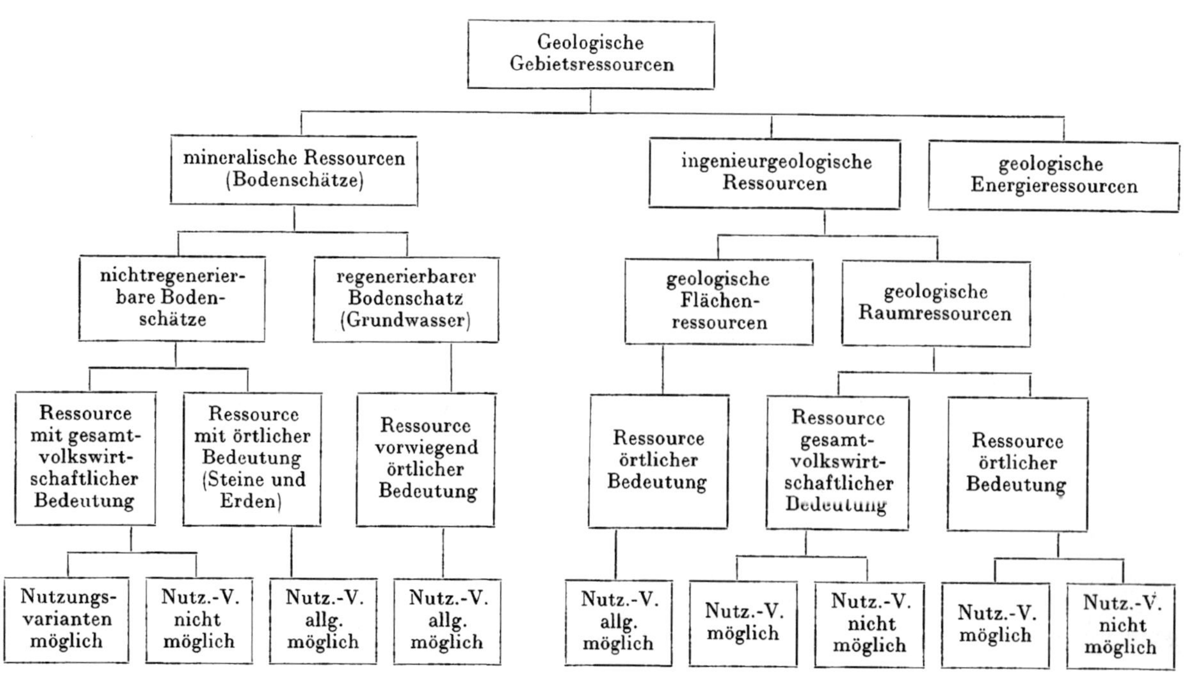

werden im allgemeinen bis zur Erschöpfung der Lagerstätte von der extraktiven Industrie abgebaut und weiterverarbeitet. Mit der Entdeckung bis zur Erschöpfung von Lagerstätten sind tiefgreifende territorialökonomische Wirkungen verbunden.

Insofern ist es zweckmäßig, den Bodenschatz Grundwasser von den nichtregenerierbaren Bodenschätzen abzutrennen, da das Grundwasser innerhalb des natürlichen Wasserkreislaufs regeneriert wird. Von den übrigen regenerierbaren Rohstoffen biologischen Ursprungs (Ackerbau, Forstwirtschaft und Seefischerei) unterscheidet sich das Grundwasser dadurch, daß es in historischen Zeitmaßstäben sowohl natürlich als auch künstlich nur in sehr geringem Maße vermehrt werden kann.

Die nichtregenerierbaren Bodenschätze sind selbstverständlich auch nicht vermehrbar. Das gleiche gilt für die ingenieurgeologischen Ressourcen eines Wirtschaftsterritoriums.

Ein für die territoriale Ökonomie und Planung entscheidender Gliederungsaspekt der geologischen Gebietsressourcen ist die Antwort auf die Frage, ob einer Ressource gesamtvolkswirtschaftliche oder nur örtliche Bedeutung beizumessen ist.

In die Kategorie „vorwiegend örtliche Bedeutung" sollen hier solche Ressourcen eingestuft werden, die in der gesamten DDR weit verbreitet sind und deren Nutzung deshalb überwiegend auf Bezirksebene geplant und geleitet werden muß.

Dazu gehören vor allem die geologischen Flächenressourcen und die mineralischen Bodenschätze der Steine und Erden sowie allgemein auch das Grundwasser. Bei letzterem muß jedoch beachtet werden, daß eine Bewirtschaftung nach der Lage der Grundwassereinzugsgebiete erforderlich ist. Auch bei geologischen Raumressourcen erscheint in der Perspektive eine solche Gliederung möglich.

Ein weiterer, besonders für die territoriale Ökonomie und Planung optimaler Ressourcennutzung wichtiger Aspekt ist der, ob und welche verschiedenen Nutzungsvarianten für die Ressourcen möglich sind. Für die mineralischen Ressourcen können z. B. folgende in Betracht kommen:

a) Varianten des Standorts der Nutzung:

Im Territorium sind mehr gleichartige Lagerstättenstandorte vorhanden, als benötigt werden (häufig z. B. bei Steine/Erden, auch bei Braunkohle).

Bei einer großflächigen Lagerstätte kann an verschiedenen Standorten mit dem Aufschluß begonnen werden (wichtig z. B. bei Braunkohlen-, auch Erzlagerstätten, deren Abbau über mehrere Jahrzehnte fortschreitet).

Die gesamten Lagerstättenvorräte können von verschiedenen Standorten aus abgebaut bzw. genutzt werden (z. B. bei gasförmigen und flüssigen Bodenschätzen, insbesondere allgemein bei Grundwasser).

b) Varianten der Art der Nutzung:

Im Nebengestein des Hauptbodenschatzes, der abgebaut werden soll, insbesondere im Deckgebirge des Hauptbodenschatzes bei Tagebauförderung, sind weitere Bodenschätze vorhanden. Die Zweckmäßigkeit einer eventuellen Nutzung bzw. Art oder Ort der Nutzung nach der Wirtschaftlichkeit einer gesonderten Abbauführung und auch nach der Ressourcensituation im Territorium muß beurteilt werden (z. B. bei Steine und Erden im Deckgebirge der Braunkohlenlagerstätten).

Es sind Nebenkomponenten oder Beimengungen im Rohstoff selbst nutzbar (z. B. bei Erzen). Die Zweckmäßigkeit ihrer Nutzung muß beurteilt werden.

Der Bodenschatz kann unterschiedlich verwendet werden z. B. Grundwasser als Trink-, Brauch-, Kühlwasser, zur Berieselung usw., Braunkohle zur Brikettherstellung, als Kesselkohle usw., Kies als Beton-, Filter-, Bettungskies).

c) Varianten betreffs verschiedener Bedarfsträger für den Bodenschatz:

Der Bodenschatz kann von mehreren Betrieben oder Einrichtungen genutzt werden (z. B. Grundwasser, Steine und Erden). RITZSCHKE, SCHINDLER u. a. (1967) weisen auf die Bedeutung dieses Aspektes hin, den sie allerdings überbewerten. Sie kommen zu der Ansicht, daß nur solche Ressourcen, u. a. Bodenschätze, als territoriale Ressourcen bezeichnet werden, die „von mehr oder allen Betrieben und Einrichtungen in einem Gebiet benötigt" werden, d. h., die „von allgemeinem Nutzen und in ihrer Verwendung und ihrem Einsatz nicht auf einen oder wenige Zweige und Bereiche der Volkswirtschaft beschränkt sind". Nur „diese territorialen Ressourcen", im wesentlichen „die Bevölkerung, das Wasser und die Bodenflächen", „zusammen mit den Anlagen und Einrichtungen zu ihrer Reproduktion" bilden nach deren Ansicht die gebietswirtschaftlichen Produktionsbedingungen. Das trifft offensichtlich nicht zu.

Auch die Varianten der Art der Nutzung und des Nutzers sind mit Auswirkungen auf die Territorialstruktur verbunden. Bei vielen Lagerstätten mineralischer Rohstoffe sind nach Qualität und Lagerung in der Erdkruste verschiedene Varianten bei der Nutzung ausgeschlossen, abgesehen von Abbauvarianten, die die optimale Nutzung hinsichtlich Vermeidung von Abbauverlusten betreffen und die bei nahezu jeder Lagerstätte möglich sind (vgl. STAMMBERGER 1966a, S. 106).

Für die ingenieurgeologischen Ressourcen sind desgleichen Nutzungsvarianten möglich. Insbesondere für geologische Flächenressourcen trifft sogar die Definition von RITZSCHKE, SCHINDLER u. a. zu. Auch bei geologischen Raumressourcen besteht eine gewisse Variabilität der Nutzung, z. B. für welche Stoffe der unterirdische Speicher genutzt wird, oder an welchem Standort Flüssigkeit oder Gas eingepreßt werden usw.

Die Gliederung geologischer Gebietsressourcen wie auch der gesamte Begriff „natürliche Ressourcen" besitzen selbstverständlich historischen Charakter. Er ändert sich mit der Entwicklung der Bedürfnisse und Produktionsweise der Gesellschaft. So ist z. B. die Nutzung poröser Gesteine und unterirdischer Hohlräume als Erdöl- und Erdgasspeicher und zur Versenkung von Industrieabfällen erst in den letzten Jahrzehnten wichtig geworden. Noch beeindruckender ist die qualitative und quantitative Entwicklung der Nutzung von mineralischen Ressourcen.

3. Bewertung mineralischer Gebietsressourcen

Klassifizierung der mineralischen Vorräte von Lagerstätten

Der mineralische Vorrat ist eine Mineralkonzentration mit wirtschaftlicher Bedeutung und demnach eine geologisch-ökonomische Kategorie, eine Ressource. Die wirtschaftliche Bedeutung ist dann gegeben, wenn durch die Nutzung des Vorrats ein Bedarf mit vertretbarem Aufwand ganz oder teilweise, jetzt oder in Zukunft, gedeckt werden kann.[2])

Die in der DDR-Vorratsklassifikation erfaßten sogenannten geologischen Gesamtvorräte gliedern sich zunächst in Vorräte, die durch die Erkundung nachgewiesen (Reserven) und wissenschaftlich vorausgesagt wurden (prognostische Vorräte).

Es ist offensichtlich, daß mit den prognostischen und nachgewiesenen Vorräten durchaus noch nicht alle in der Erdkruste vorhandenen mineralischen Ressourcen

[2]) Die Ausführungen hierzu basieren auf den von der ZVK herausgegebenen Klassifikationen für feste mineralische Rohstoffe, Erdöl und Erdgas und Grundwasservorräte (vgl. auch STAMMBERGER 1966a, S. 87).

erfaßt werden. Es existiert zweifellos noch eine ganze Reihe weiterer Lagerstätten. Einerseits sind bei weitem noch nicht alle Teile der Erdkruste bzw. alle Territorien auf ihre Höffigkeit für alle Minerale prognostisch untersucht worden, andererseits können Prognosen entsprechend der vorhandenen Erkenntnis Lücken und Fehleinschätzungen aufweisen. Diese weder nachgewiesenen noch wissenschaftlich vorausgesagten mineralischen Ressourcen sollen hier als „unbekannte mineralische Ressourcen" bezeichnet werden. Sie besitzen im Gegensatz zu den sogenannten geologischen Gesamtvorräten, die bereits „durch frühere Arbeit filtriert" worden sind und im Sinne von MARX (1955, S. 186) als mineralische Rohstoffe bezeichnet werden können (vgl. STAMMBERGER u. a. 1966b, S. 13 u. S. 46, auch WINTERHOFF 1967, S. 582), in diesem Zustand keinen Gebrauchswert und damit auch keinen Wert.

Die nachgewiesenen Lagerstättenvorräte werden nach ihrer Eignung für eine volkswirtschaftliche Nutzung bekanntlich in Bilanz- und Außerbilanzvorräte eingeteilt. Die Bilanz- und Außerbilanzvorräte werden entsprechend ihrem Untersuchungsgrad, das sind die Untergliederung, Genauigkeit und Zuverlässigkeit der Kenntnisse über den Vorrat, in jeweils vier Vorratsklassen eingeteilt (s. Tab. 2).

Die Grundlage für die Einstufung in Bilanz- oder Außerbilanzvorräte bilden die Konditionen, also Festlegungen zur Quantität und Qualität des mineralischen Vorrats und der montangeologischen Verhältnisse. „Ökonomische Grundlage für die Festlegung von Konditionen ist der volkswirtschaftlich vertretbare Aufwand für eine Tonne geförderten Rohstoff bzw. eine Tonne Konzentrat oder Endprodukt zum Zeitpunkt der voraussichtlichen Nutzung der Lagerstätte."[3]) Konditionen können deshalb nur aus einer umfassenden geologisch-ökonomischen Bewertung der Lagerstätte abgeleitet werden.

Geologisch-ökonomische Bewertung von Lagerstätten

Mit der geologisch-ökonomischen Bewertung einer Lagerstätte soll ihre volkswirtschaftliche Bedeutung ermittelt werden. STAMMBERGER hat diese Problematik in umfangreicher Weise behandelt (s. 1966a, S. 146ff.).

Diese Bewertung muß nach jedem Stadium der geologischen Erkundung erfolgen, da ihre Genauigkeit mit zunehmendem Untersuchungsgrad ebenfalls steigt (vgl. BACHMANN 1968). Die sogenannte geologisch-ökonomische Bewertung umfaßt eine auf den geologischen Erkundungsergebnissen basierende industrielle Einschätzung und eine ökononische Bewertung dieser geologischen und industriellen Verhältnisse.

Zunächst wird durch die industrielle Einschätzung festgestellt, ob sich die Lagerstätte als Grundlage für einen Gewinnungsbetrieb eignet. Dann muß die ökonomische Bewertung zeigen, ob die Nutzung dieser Lagerstätte zweckmäßig ist, d. h. die beste bekannte Möglichkeit für die Bedarfsdeckung bietet. Dazu sind neben den aus der geologischen Erkundung gewonnenen Angaben über die Lagerstättenmerkmale und den sich daraus und aus dem technischen Entwicklungsstand ableitbaren Informationen über die mögliche Technik der Lagerstättennutzung vor allem Informationen über den Erschließungsaufwand erforderlich. Der Erschließungsaufwand wird durch die geologische und technisch-ökonomische sowie die territorialökonomische Situation bestimmt. Dazu gehören Transport- und Standortbedingungen für nachgelagerte Produktionsstufen, die Situation anderer Ressourcearten, die im späteren Verarbeitungsprozeß benötigt werden, ferner auch Arbeitskräfte.

Die geologisch-ökonomische Bewertung ist somit keine Bewertung der Potenzen der Lagerstätte allein, sondern eine ökonomische Bewertung der Lagerstättenvorräte und des Montanbetriebs zusammen. Sie wird vom Entwicklungsstand der Produktivkräfte stark beeinflußt, ist also zeitabhängig. Dieser Faktor soll zunächst vernachlässigt werden.

Gebrauchswert und Preis anstehender mineralischer Rohstoffe

In der geologisch-ökonomischen Bewertung einer Lagerstätte werden Kennziffern der ökonomischen Effektivität beim Abbau der Lagerstätte berechnet bzw. eingeschätzt. Die relative Höhe der Kennziffern verschiedener Lagerstätten des gleichen mineralischen Rohstoffs ist bei einem gegebenen Stand der Produktionsweise vom Gebrauchswert der mineralischen Vorräte der Lagerstätte abhängig. Dieser Gebrauchswert wiederum wird bestimmt durch (vgl. STAMMBERGER 1966b, S. 37):

die natürlichen qualitativen und quantitativen Eigenschaften der Vorräte und ihrer Lagerstätten;

die ökonomisch-geographische Lage der Lagerstätte;

den Sättigungsgrad, d. h. den Bedarf an diesen Vorräten;

die Vorratsklasse, d. h. den Sicherheitsgrad etc. der zum Abbau nötigen Kenntnisse.

Bereits niedere Vorratsklassen besitzen für den Bergbau einen unmittelbaren Gebrauchswert. Ein Bergbaubetrieb kann nur errichtet werden, wenn die Vorratsbasis für eine längere Produktionszeit gesichert ist. Die Vorratsbasis weist in der Regel ein bestimmtes Verhältnis von $C_2 : C_1 : B + A$-Vorräten auf.

Der Bedarf ist territorial differenziert und steht damit im Zusammenhang mit der ökonomisch-geographischen Lage der Lagerstättenvorräte.

Die ökonomische Bewertung der Lagerstätten und die durch sie anzustrebende Preisbildung spielen für ihre rationelle Nutzung unter den Bedingungen des ökonomischen Systems des Sozialismus eine entscheidende Rolle. Diese Auffassung hat sich für alle

Tab. 2. Klassifikation der mineralischen Ressourcen

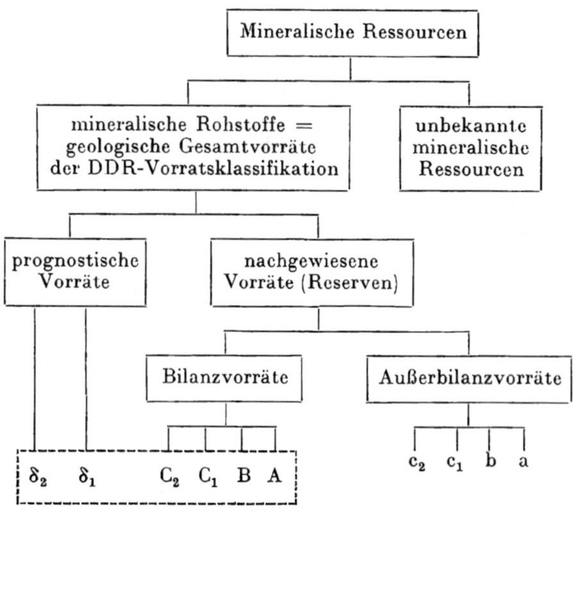

[3]) „Grundsätze zur Festlegung von Konditionen für Lagerstättenvorräte fester mineralischer Rohstoffe". – Z. angew. Geol., 12, H. 10, S. 549, Berlin 1966.

natürlichen Ressourcen in letzter Zeit mehr und mehr durchgesetzt. Die Praxis hat gezeigt, daß die mit der kostenlosen Überlassung von natürlichen Ressourcen verbundene unrationelle Nutzung allein mit administrativen Mitteln nicht verhindert werden kann.

Zum Teil bereits erlassene Gebührenordnungen erfüllen diese Aufgabe nicht, so z. B. die:

Preisanordnung Nr. 3059 — Lieferung von Trink- und Brauchwasser sowie Ableitung von Abwasser. — GBl. Sonderdruck Nr. P 3059 vom 31. 10. 1964 (vgl. dazu STREIBEL 1966);

VO über die Einführung einer Bodennutzungsgebühr. — GBl. II, 1967, Nr. 71, vom 4. August. Diese Gebühr wurde nur zum Schutz von Land- und Forstwirtschaft erlassen. Sie umfaßt nicht den städtebaulich genutzten Boden. Sie stimuliert nicht eine rationelle Bodennutzung allgemein (vgl. auch Pkt. 4);

Anordnung über die Aktivierung der Aufwendungen für geologische Untersuchungsarbeiten vom 21. 3. 64. — GBl. III, S. 483/64 (vgl. dazu FANKHÄNEL 1965).

STREIBEL (1966) zeigt beispielsweise für die Ressource Wasser, daß es nicht sinnvoll ist, nur für das von der Wasserwirtschaft gelieferte Wasser Preise festzulegen. Es müssen für die Nutzung überhaupt, also auch bei Eigenförderung durch die Industrie, Gebühren erhoben werden (S. 1984). Den für die Darlegungen des Verf. wichtigen Gesichtspunkt, daß der Wirtschaftszweig Wasserwirtschaft das Grundwasser erst durch die geologische Erkundung erhält und daß auch die Wasserwirtschaft diese Ressource optimal nutzen muß, beachtet STREIBEL allerdings nicht. Er mißt auch „nach ersten Überlegungen" dem „(ungeförderten) Grundwasser" keinen Wert bei (S. 1979 und 1986).

STREIBEL fordert u. a. als Voraussetzung für eine rationelle Nutzung „aufwandsdeckende Gebühren bzw. Preise", die dem tatsächlichen, an „Ort und Stelle" entstehenden „Aufwand für Erschließung, Nutzung und Reproduktion" entsprechen, „einschließlich bestimmter Zu- bzw. Abschläge" (S. 1989), die unter Beachtung der Differentialrente besonders hinsichtlich der „perspektivischen Standortverteilung der Produktivkräfte" wirken sollen (S. 1977).

Die im folgenden kurz umrissenen Fragen des Zusammenhangs zwischen Gebrauchswert, Preis und rationeller Nutzung der mineralischen Rohstoffe gelten auch für den Bodenschatz Grundwasser.

Um den Bergbau und die übrigen Nutzer mineralischer Ressourcen zu einer rationellen Nutzung veranlassen zu können, ist die Übergabe der anstehenden Vorräte zu Preisen vorzunehmen. Da die Rolle des Gewinns und der Eigenerwirtschaftung der Mittel für die erweiterte Reproduktion im ökonomischen System des Sozialismus die Messung der „Rentabilität der auf gleiche ökonomische Bedingungen reduzierten Arbeit" (NOWOSHILOW 1966a, S. 461) erfordert, müssen diese Preise dem Gebrauchswert der Vorräte entsprechen. Eine solche Preisbildung entspräche dem von NOWOSHILOW (s. PIEPLOW 1968) erarbeiteten und vorgeschlagenen Prinzip des optimalen Planpreises. Auch danach sollen die Preise begrenzt vorhandener Ressourcen nach ihrer Effektivität gebildet werden.

PIEPLOW schreibt: „Unseres Erachtens ist es NOWOSHILOW gelungen, ... die marxistische Arbeitswerttheorie auf die dem Sozialismus adäquaten Bedingungen anzuwenden. Der Betrieb, der die hocheffektive Ressource einsetzt, hat den Vorteil der Arbeitsaufwandsersparnis durch diese Ressource. Er müßte aber dafür einen höheren Preis zahlen, so daß er im Prinzip unter den gleichen Bedingungen produziert wie jener Betrieb, der weniger effektive Ressourcen einsetzt..." (1968, S. 134).

Dieser Vorratspreis, der vom Nutzer zu entrichten wäre, könnte im Prinzip wie folgt ermittelt werden:

a) Die Differenz zwischen Erlös E (Verkaufspreis, Industriepreis, Weltmarktpreis) und dem unter Beachtung des Prinzips der Eigenerwirtschaftung und der ökonomischen Stimulierung notwendigen Gewinn G_n des Nutzers ergibt den ökonomisch vertretbaren Gesamtaufwand A_v. Dieser kann für jede Rohstoffart ermittelt werden. Er ist jedoch zeitbedingt.[4])

$$A_v = E - G_n \tag{1}$$

Der ökonomisch vertretbare Aufwand kann bei bestimmten Rohstoffen durch politische Entscheidungen beeinflußt werden. Im Gewinn müssen auch zusätzliche Einkommensanteile enthalten sein, die auf Grund höherer Produktivität der projektierten Abbautechnik entstehen. Diese müssen im wesentlichen dem Zweig des Nutzungsbetriebs und nicht (in Form einer Differentialrente II) nur dem Staat zufallen, da andernfalls der technische Fortschritt gehemmt würde. Die exakte Regelung ist u. a. auch davon abhängig, ob Projektierung und Abbau dem gleichen Betrieb bzw. Zweig obliegen oder nicht.

b) Vom ökonomisch vertretbaren Gesamtaufwand werden alle Selbstkosten für den Erschließungsaufwand (ohne Erkundungskosten) abgezogen, wobei das Abbaurisiko berücksichtigt werden muß. Außerdem muß noch ein dem Nutzer als zusätzlicher Gewinn zu gewährender Teil der Differentialrente (s. unten) insbesondere nach territorialen Gesichtspunkten der perspektivischen Standortverteilung und auch nach zweiglichen Entwicklungsaspekten abgezogen werden. Der Rest wäre dann der Vorratspreis, der vom Nutzer bei der Übernahme der Vorräte entrichtet werden müßte.

$$P = E - (G_n + S + D) \tag{2}$$

P = Vorratspreis; E = Erlös; G_n = Gewinn; S = Selbstkosten ohne Erkundungskosten; D = Teil der Differentialrente. Es muß hier mit den aus der geologisch-ökonomischen Bewertung ermittelten Werten gerechnet werden.

Dieser Vorratspreis beinhaltet dann den Gesamtaufwand der geologischen Erkundung bzw. den Erlös des Erkundungsbetriebs und ist an diesen zu zahlen sowie den überwiegenden Teil des Einkommens vom Charakter einer Differentialrente, der dem Staatshaushalt zufließen muß, in bestimmtem Umfang den örtlichen Staatsorganen.

In diesem Zusammenhang müssen einige Worte zur Existenz einer Differentialrente im sozialistischen Bergbau gesagt werden, die von KÖHLER (1961) abgelehnt wurde. Der Hinweis von KÖHLER, daß es zu Spekulationen kommen würde, da sich offenbar bei Aufnahme des Abbaus in einer z. B. schlechteren oder neuen, wesentlich besseren(!) Lagerstätte die Bewertung aller anderen im Abbau stehenden Lagerstätten ändern müßte, kann für die sozialistische Planwirtschaft als unzutreffend angesehen werden. Unter den Bedingungen der Warenproduktion entsteht auch im sozialistischen Bergbau bei der Nutzung natürlich bevor-

[4]) Vgl. die ausführlichen Darlegungen zum ökonomisch vertretbaren Aufwand bei STAMMBERGER (1966a, S. 91). Zur Bestimmung des Vorratspreises s. auch die Rezension von STAMMBERGER (1968) zu S. JANCOVIV: „Wirtschaftsgeologie der Erze", Springer-Verlag, Wien — New York 1967.

zugter Lagerstättenvorräte zusätzliches Einkommen, das den Charakter der Differentialrente I trägt.[5])

Diese sogenannte „Bergwerksrente ist das Mehrprodukt, ..., welches infolge der erhöhten Arbeitsproduktivität beim Abbau besonders guter Lagerstätten ... entsteht" (WOLODOMONOW 1964, S. 95).

WOLODOMONOW gab den bisher maßgebenden Vorschlag zur Berechnung der Bergwerksrente:

$$\nu = \Sigma (Q - q) \cdot R \cdot \pi \cdot \varrho \cdot \varphi$$

ν = Bergwerksrente in Rbl.; Q = zulässige Selbstkosten der Produktion in Rbl/t; q = Selbstkosten, bestimmt für die einzelnen Blöcke bzw. Lagerstätten; R = berechnete Vorräte der einzelnen Blöcke bzw. Lagerstätten; π, ϱ, φ = Ausbringen — Koeffizienten der Nutzkomponente bei der Förderung, der Aufbereitung und der metallurgischen Verarbeitung.

Die Bergwerksrente erfaßt also nicht den absoluten, sondern den relativen Gebrauchswert, den ein bestimmter Lagerstättenvorrat gegenüber einem anderen — und zwar dem ungünstigsten, der noch zur Deckung des Bedarfs abgebaut werden muß — hat. Der daraus resultierende Gewinn ist nicht vom Bergmann verursacht worden, und auch der Erkundungsgeologe hat nur dadurch, daß er die Lagerstätte entdeckt hat, einen kleinen Anteil daran. Die Naturverhältnisse sind hier „Quelle der Gebrauchswerte" (s. MARX in MARX/ENGELS 1952, S. 11). Dieser Gewinn „muß deshalb ... dem Eigentümer dieser Naturverhältnisse — der Gesellschaft, dem Staat — ... zufließen" (STAMMBERGER 1968, S. 326).

Ein gewisser Teil des zusätzlichen Gewinns sollte allerdings sowohl dem Erkundungsgeologen als auch dem Bergbau zugewendet werden, um sie ökonomisch an der Erkundung bzw. Nutzung solcher bevorzugter Ressourcen zu interessieren.

4. Bewertung ingenieurgeologischer Gebietsressourcen

Die ökonomische Bewertung und Preisbildung für Baulandflächen, die ebenfalls auf dem Gebrauchswert der Flächen basieren müssen, zeigen, daß die geographische Lage den entscheidenden Faktor darstellt.

K. MARX hat die Bedeutung der Lage für die sogenannte Baustellenrente und damit den Bodenpreis des Baulands ebenfalls hervorgehoben (1955b u. a., S. 816).

Des weiteren wird der Gebrauchswert von den ingenieurgeologischen Eigenschaften der Erdkruste, der bereits vorhandenen Erschließung und dem Bedarf bestimmt. Im Preis muß daneben auch der Gebrauchswert des Bodens für Land- bzw. Forstwirtschaft berücksichtigt werden, soweit er dieser Bewirtschaftung entzogen werden soll.

Einige Möglichkeiten für die Ermittlung des Baulandflächenwerts werden u. a. bei GÜNTHER, STIEHLER & TENNERT (1967) dargestellt. Das von den Autoren selbst vorgeschlagene Verfahren erscheint allerdings kaum geeignet zu sein. Es wird z. B. zur Bewertung der Lagegunst an Verkehrslinien vorgeschlagen, den Preis der Fahrzeuge, die durchschnittlich auf der Strecke vorhanden sind, zu messen (z. B. je PKW-Einheit = 12 TM) und auf bestimmte Flächenteile umzurechnen (s. S. 19 u. 56). Es sei auch darauf hingewiesen, daß die dort gegebene Definition des von den Autoren ermittelten Baulandflächenwerts W_b (W_b = Bodenertrag B + Erschließungswert E + Lagewert L, S. 19) als Tauschwert (S. 79), d. h. als „ökonomischer Ausdruck für den in die Fläche investierten gesellschaftlichen Arbeitsaufwand" (S. 17), abgesehen von der eigenwilligen Umlegungsmethode, auch politökonomisch nicht zutrifft. So ist z. B. im Bodenertrag Einkommen vom Charakter der Differentialrente I enthalten (s. auch S. 18); das gleiche gilt für die ingenieurgeologischen Baugrundverhältnisse. Solche Ermittlungen sind praktisch wahrscheinlich zu aufwendig.

Die Verfahren, bei denen z. B. ausgehend von städtebaulichen Planungs- und Funktionskriterien in Beziehung zu den verschiedensten Flächennutzungsarten die Gebrauchswerte nach praktischen Erfahrungen eingeschätzt und mit Punkten bewertet werden, dürften ausreichend genaue, evtl. auch bessere Grundlagen für eine Preisbildung schaffen. Bei dieser Punktbewertung werden zunächst die geomorphologischen und ingenieurgeologischen Baugrundverhältnisse und dann die Lage zu Verkehrs-, Versorgungsanlagen, die zentralen Funktionen, der Nutzungs- und Anlagewert, Störfaktoren und Entwicklungsmöglichkeiten eingeschätzt, wobei die Flächen nach Art der derzeitigen Nutzung gegliedert werden.

Prinzipiell soll hier nur festgestellt werden, daß auch zur rationellen Nutzung der Flächenressourcen eine Erhebung von Gebühren bzw. Preisen durch die örtlichen Staatsorgane erforderlich ist, die nach dem Gebrauchswert des Baulands zu bilden sind.

Zu klären wäre noch die Frage, wer die Kosten für ingenieurgeologische Untersuchungen zu tragen hat. Die ingenieurgeologischen Untersuchungen dienen der Klärung der Baugrundverhältnisse. Die Baugrundverhältnisse beeinflussen den Gebrauchswert des Baulands. Folglich müssen bei der Preisfestlegung durch die örtlichen Staatsorgane bereits Kenntnisse hierüber vorliegen. Solche Kenntnisse können durch prognostische Einschätzungen auf Grund von geologischen Kartierungsarbeiten, einzelnen geologischen Bohrungen und Analogieschlüssen gewonnen werden. Sie müßten von den staatlichen Organen finanziert werden. Allgemein liegen hierfür schon geologische Unterlagen, z. B. geologische Spezialkarten, vor. In welchem Umfang dann noch spezielle ingenieurgeologische Untersuchungen nötig sind, hängt von der Art der geplanten Bebauung, insbesondere der Belastung des Untergrunds ab. Die Kosten für solche ingenieurgeologischen Spezialuntersuchungen muß der Nutzer tragen. Sie gehen dann nicht in den Bodenpreis ein, sondern werden als Erschließungsaufwand für das Investitionsobjekt diesem direkt zugeordnet.

Die ökonomische Bewertung geologischer Raumressourcen scheint prinzipiell einfach zu sein. Das beruht darauf, daß dieselben ersetzbar sind. An Stelle eines unterirdischen geologischen Gasspeichers könnten z. B. entweder eine Gaserzeugungsanlage oder ein anderer künstlicher Gasspeicher zur Deckung des Spitzenbedarfs gebaut werden. Somit sind Kostenvergleiche zur Nutzensermittlung sowie zur Bestimmung des ökonomisch vertretbaren Erkundungsaufwands

---

[5]) S. „Politische Ökonomie", Lehrbuch, Dietz Verlag, Berlin 1959, S. 664, u. 4. Aufl., Berlin 1965, S. 606.

Vgl. dazu die grundlegenden Gedanken von MARX über die Differentialrente in der Landwirtschaft und im Bergbau (1955b, u. a. S. 709).

möglich. Der bei der Preisbildung für mineralische Ressourcen und Baulandflächen wichtige Aspekt, daß den Nutzern die gleichen ökonomischen Bedingungen geboten werden, indem der Preis dem Gebrauchswert entspricht, kann hier vernachlässigt werden, da geologische Raumressourcen heute und in naher Zukunft nur in Einzelfällen genutzt werden dürften. Es würde hier ausreichen, wenn der Kaufpreis dem Industrieabgabepreis des geologischen Erkundungsbetriebs entspräche.

Auf die Bildung dieser Abgabepreise wird in einem weiteren Beitrag eingegangen (MANHENKE 1969c).

Zusammenfassung

Ausgehend von der Definition des Begriffs „geologische Ressource" wird eine Gliederung der geologischen Gebietsressourcen erarbeitet und insbesondere für die Belange der territorialen Ökonomie und Planung detailliert. Es werden die Besonderheiten der geologischen Ressourcen dargelegt. Abschließend wird eine auf dem Gebrauchswert sowohl der mineralischen als auch der ingenieurgeologischen Ressourcen basierende Preisbildung als Voraussetzung für die rationelle Nutzung behandelt.

Резюме

Исходя из определения термина „геологические ресурсы" разрабатывается расчленение областных геологических запасов, которое уточняется в частности для целей территориальной экономии и планирования. Рассматриваются особенности геологических ресурсов. В заключение рассматривается процесс ценообразования, опирающийся на потребительской стоимости как минеральных, так и инженерно-геологических ресурсов, как предпосылка для рационального использования.

Summary

The author proceeds from a definition of the term of "geological resource" to work out a classification of geological regional resources, with a detailed description in particular as far as territorial economy and planning are concerned. An account is given of special features connected with geological resources, and a formation of prices based on the use-value of both mineral and engineering-geological resources is discussed as a prerequisite for a rational exploitation.

Literatur

BACHMANN, H.: Über die Zuverlässigkeit der geologisch-ökonomischen Bewertung von Lagerstätten mineralischer Rohstoffe. – Z. angew. Geol., **14**, 1, 45–50, Berlin 1968.

DADAJAN, W. S., & W. W. KOSSOW: Die Verflechtungsbilanz als Instrument der Planberechnungen. – Verl. Die Wirtschaft, Berlin 1964.

FANKHÄNEL, E. Zum Problem des komplexen Zusammenhangs von geologischer Erkundung, Investition und Produktionsbetrieb im Bergbau. – Vortrag 15./16. 10. 1965, n. R. WOERSCHING, wiss.-techn. Inform.-Dienst zentr. geol. Inst., 1, 13–17, Berlin 1965.

GRINGMUTH, W.: Zu den naturgeographischen Grundlagen der Territorialen Ökonomie und ihre Berücksichtigung durch die Territoriale Planung. – Wiss. Z. Hochsch. Ök., 2, 185–190, Berlin 1968.

GÜNTHER, R., G. STIEHLER & K. H. TENNERT: Ermittlung des Baulandflächenwertes. – Schr.-R. Bauforschung, R. Städtebau und Architektur, H. 7, Hrsg. dt. Bauakad. Berlin 1967.

KÖHLER, J.: Zur Frage der Bergwerksrente unter sozialistischen Bedingungen. – Wirtschaftswiss., S. 62–74, Berlin 1961.

MANHENKE, V.: Zur Spezifik geologischer Gebietsressourcen und der ökonomischen Stimulierung ihrer rationellen Erkundung und Untersuchung. – Unveröff. Dipl.-Arb. Hochsch. Ök. Berlin-Karlshorst, Berlin 1969 [1969a].

– Zur Prozeßanalyse der geologischen Erkundung und Untersuchung unter dem Aspekt ihrer ökonomischen Stimulierung. – Z. angew. Geol. (im Druck [1969b].

– Zum Planungs- und Abrechungsprinzip geologischer Arbeiten und den sich daraus ergebenden Möglichkeiten und Aufgaben zum Einsatz ökonomischer Stimuli. – (Manuskript) [1969c].

MARX, K.: Das Kapital. – Bd. I, Dietz Verlag, Berlin 1955 [1955a].

– Das Kapital. – Bd. III, Dietz Verlag, Berlin 1955 [1955b].

MARX, K., & F. ENGELS: Ausgewählte Schriften in zwei Bänden. – Bd. II, Dietz Verlag, Berlin 1952.

NOWOSCHILOW, W. W.: Probleme der Preisbildung und die Wirtschaftsreform. – Sowjetwiss., Gesellschaftswiss. Beiträge, 11/1966, zit. n. R. PIEPLOW (1966).

– Gesetzmäßigkeiten bei der Entwicklung des Leitungssystems in der sozialistischen Wirtschaft. – Wirtschaftswissenschaft, S. 461–480, Berlin 1966 [1966a].

PIEPLOW, R.: Die Rolle der Sowjetwissenschaft bei der Herausbildung der Theorie der Volkswirtschaftsplanung. – Wiss. Z. Hochsch. Ök., S. 125 bis 137, Berlin 1968.

PRATZKA, G.: Zur Ermittlung und Anwendung von Konditionen bei der Berechnung von Braunkohlenvorräten. – Bergbautechnik, 4, 177 bis 181, Leipzig 1966.

RITZSCHKE, SCHINDLER u. a.: Territoriale Ressourcen. – Informationen zu aktuellen Problemen der Planung und Leitung der Volkswirtschaft 12/1967, Hrsg. Ök. Forsch.-Inst. Staatl. Plankommiss. (1967).

SCHMIDT-RENNER, G.: Elementare Theorie der ökonomischen Geographie. – Haack Verlag, Gotha–Leipzig 1966.

SIDORENKO, A. W.: Mensch–Technik–Erde (III). Das Studium der Erdkruste als Heim- und Wirkungsstätte des Menschen. – Z. angew. Geol., **14**, 6, 284–290, Berlin 1968.

STAMMBERGER, F.: Grundlagen der ökonomischen Geologie. – Akademie-Verlag, Berlin 1966 [1966a].

– Beiträge zur Diskussion geologisch-ökonomischer Probleme. – Geologisch-ökonomische Bewertung, ökonomische Effektivität der geologischen Erkundung, Vorratspreise. – Wiss.-techn. Inform.-Dienst zentr. geol. Inst., Sonderh. 12, Berlin 1966 [1966b].

– Wirtschaftsgeologie oder ökonomische Geologie? – Z. angew. Geol., **14**, 6. 323–327, Berlin 1968.

STREIBEL, G.: Die ökonomische Stimulierung der rationellen Nutzung natürlicher Gebietsressourcen. – Wirtschaftswissenschaft, 12, 1968 bis 1990, Berlin 1966.

WINTERHOFF, H.: Die Marxschen Wertkategorien in ihrer Nutzanwendung auf Lagerstätten mineralischer Rohstoffe. – Z. angew. Geol., **13**, 11/12, 581–585, Berlin 1967.

WOLODOMONOW, N. W.: Grundsätze zur Bewertung von Lagerstätten. – Z. angew. Geol., **10**, 2, 94–96, Berlin 1964.

Besprechungen und Referate

RÖSLER, H. J., & H.-J. BLANKENBURG

Lagerstätten der Steine und Erden. 1. Lehrbrief

Freiberg: Verlag Bergakademie, Fernstudium 1968. 144 S., 15 Abb., M 4,–, Anlage M 4,– (als internes Manuskript gedruckt)

Dieses Lehrwerk soll insgesamt fünf Lehrbriefe umfassen. Die Lehrbriefe 1 bis 4 werden sich mit der Zusammensetzung der Rohstoffe und den Lagerstätten befassen; Lehrbrief 5 wird entsprechend der steigenden Bedeutung der Steine-und-Erden-Rohstoffe in hochindustrialisierten Ländern eine Zusammenstellung der für die einzelnen Industriezweige notwendigen Rohstoffe enthalten. Bisher erschien der 1. Lehrbrief, der außer den einleitenden Kapiteln (Bedeutung und Bewertung der Steine-und-Erden-Rohstoffe) die Beschreibung der Natursteinlagerstätten beinhaltet.

Als unglücklich und nicht zwingend notwendig wird empfunden, den seit längerem eingebürgerten Begriff „Steine und Erden" durch „nutzbare Gesteine und Industrieminerale" zu ersetzen.

Die Lehrbriefreihe wird von den Autoren zu Recht als völlig neu bearbeitete 3. Auflage der von Prof. OELSNER und Dr. KRÜGER bearbeiteten früheren Auflagen bezeichnet. Lagerstätte und Rohstoff werden hier nicht nur als geologische Begriffe schlechthin, sondern auch als geologisch-ökonomische Kategorien angesehen. Das ist eine echte Bereicherung der 3. Auflage gegenüber ihren Vorläufern.

Einleitend werden in zwei Kapiteln die Bedeutung der Steine-und-Erden-Rohstoffe für die Volkswirtschaft sowie die Bewertung der Rohstoffe behandelt. Es werden Fragen der Verteilung und Verwendung der Steine und Erden, ihrer Rolle auf dem Weltmarkt, der Konditionen zur Abgrenzung von Lagerstättenvorräten usw. erläutert. Das Bestreben, die Erkenntnisse der Steine-und-Erden-Lagerstätten mit den geologisch-ökonomischen Fragen zu verknüpfen, entspricht den Erfordernissen der Praxis. Beide Kapitel wären jedoch für den Lernenden lehrreicher, wenn einige Fragen (z. B. Verteilung der Rohstoffe) ausführlicher behandelt, wesentliche Begriffe (z. B. Lagerstätte, Vorrat, volkswirtschaftlich vertretbarer Aufwand, Effektivität der geologischen Erkundung, Prognose) klarer definiert und abgegrenzt sowie die geologisch-ökonomischen Probleme bis zu Fragen der Beziehung zwischen der bergbautreibenden Industrie und der geologischen Erkundung (als Vorstufe des Bergbaus) unter den Prinzipien des NÖS weitergeführt worden wären.

Der eigentlichen Behandlung der Lagerstätten ist die Beschreibung allgemeingültiger mineralogischer und geochemischer Untersuchungsverfahren vorangestellt; speziellere Untersuchungsverfahren werden zweckmäßigerweise bei den einzelnen Rohstoffarten gesondert behandelt. Sie geben für die gedachte Aufgabe einen ausreichenden Überblick über die Untersuchungsverfahren zur Ermittlung der Rohstoffeigenschaften. Es wird jedoch zu wenig beachtet, daß die Nutzung einer Lagerstätte auch von zahlreichen anderen Faktoren (z. B. Tektonik, hydrogeologischen Verhältnissen) abhängig ist. Sie bilden mit die Grundlage für die Planung, Projektierung und Gewinnung. Es werden daher Hinweise über weitere geologische Untersuchungsmethoden und -verfahren vermißt, die dazu dienen, die Lagerstätte in ihrer Gesamtheit zu erkunden und zu erforschen.

Die nach genetischen Gesichtspunkten gegliederte Beschreibung der Natursteinlagerstätten konzentriert sich im wesentlichen auf unsere Republik. Lagerstätten anderer Länder werden nur dann herangezogen, wenn solche auf unserem Territorium nicht vorkommen. Die eigentliche Behandlung der Natursteinlagerstätten beginnt mit der Erläuterung der qualitativen Anforderungen, der Bestimmung der Gesteinseigenschaften sowie mit allgemeinen Hinweisen über die bei uns üblichen Gewinnungs- und Aufbereitungstechnologien. Es wäre als eine Bereicherung zu werten, wenn in diesem Zusammenhang auf die Zuverlässigkeit und Aussagekraft der im Labor erhaltenen qualitativen Untersuchungsergebnisse sowie auf ihre Auswertung im Hinblick auf die Rohstoffeignung eingegangen worden wäre.

G. KLINGER

KALINKO, M. K.

Schlammvulkane als Informationsquelle über die Zusammensetzung der Kohlenwasserstoffe, ihre Menge und Erkundungsbedingungen

„Sowjetskaja geologija", Moskau, Bd. 10 (1967), 7, 86–96, 1 Abb., 1 Tab.

Eine Untersuchung über Charakter und Produkte aus der Tätigkeit von Schlammvulkanen eröffnet große Möglichkeiten zum Erkennen des geologischen Baues und der Erdölführung im Innern ihrer Entwicklungsgebiete. Die Schlammvulkane stellen eine Gruppe unter den „Vulkanoide" genannten geologischen Bildungen dar. Sie entwickeln sich nur in solchen Erdöl–Erdgas-Räumen, in denen die Schichtdrücke wegen der fortschreitenden Migration des Erdgases größer sind als die hydrostatischen Drücke und fast die geostatischen Druckwerte erreichen. Bruchstörungen begünstigen die Bildung von Schlammvulkanen, sind aber nicht unbedingt erforderlich. Somit zeugen die Schlammvulkane nicht nur von vorhandenen Erdgas–Erdöl-Speichern in der Tiefe, sondern weisen auch auf übernormale Schichtdrücke hin. An den Trümmern und Teilchen der von einem Schlammvulkan ausgetragenen Gesteine kann man mit ausreichender Zuverlässigkeit den Aufbau eines von einem Kanal durchschnittenen Profils, nach den Abmessungen der größten Trümmer aber den kleinsten Kanalquerschnitt beurteilen. Durch eine chemische Analyse der aus dem Schlot eines Schlammvulkans in den verschiedenen Stadien seiner Tätigkeit austretenden Fluida gewinnt man eine Vorstellung über deren Zusammensetzung innerhalb der Speicher. Durch Beobachtung ihrer Schüttung in den verschiedenen Stadien der Vulkantätigkeit kann man auf die Ausmaße der tiefliegenden Gasakkumulation sowie auf die Dimensionen des Lagers schließen. In Aserbaidshan ausgeführte entsprechende Untersuchungen über einige Schlammvulkane haben gezeigt, daß man als ihren Herd kleinere Gaslager mit Vorräten von einigen Mill. m^3 ansehen muß. Solche Lager baut man zweckmäßig durch Einzelbohrungen ab, die im Verlaufe einer langen Zeit produktiv sein können. R. HOECHST

ZARUBA, Q., & V. MENCL

Landslides and their control

Amsterdam–London–New York: Verl. Elsevier; Prag: Academia, Publishing House of Czechoslovak Academy of Sciences 1969. 205 S., zahlr. Abb., Kčs 45,—

Im vorliegenden Buch wird die in der ingenieurgeologischen Praxis bedeutsame Problematik der Rutschungen geschlossen dargestellt. Die Autoren konnten dabei zum größten Teil auf eigene Erfahrungen zurückgreifen. So sind die meisten wissenschaftlichen Aussagen mit Forschungsergebnissen aus den Rutschungsgebieten der Tschechoslowakei belegt.

Das Buch ist in zehn Kapitel unterteilt. Nach einer Einführung (16 S.), in der die wirtschaftliche Bedeutung der Rutschungsuntersuchungen unterstrichen wird, wird im 2. Kapitel die Entwicklung der Rutschungen aus der Sicht der Boden- und Felsmechanik (9 S.) — Einfluß der Scherfestigkeit, des Druckes, des Grundwassers — dargestellt, während im Kapitel 3 die rutschungsbewirkenden Faktoren (5 S.) — Veränderung der Böschungsneigung, unterschiedliche Belastung von Dämmen, Auffüllung und Abraumhalden, Erschütterungen und Vibrationen, Veränderungen des Wassergehaltes, Wirkung des Grundwassers, Wirkung des Frostes, Verwitterung der Gesteine, Veränderungen der Vegetationsdecke auf Böschungen sowie die Abhängigkeit der Böschungsbewegungen von den Niederschlagsmengen — kurz abgehandelt werden.

Im Kapitel 4 (3 S.) geben die Autoren nach einer Zusammenstellung der verschiedenen Klassifikationen der Rutschungserscheinungen (A. HEIM, K. TERZAGHI, F. P. SAWARENSKI, I. W. POPOW u. a.) eine eigene Gliederung, die im 5. Kapitel (60 S.) ausführlich behandelt und mit zahlreichen, durch viele Prinzipskizzen, Profile und Fotos ergänzte Beispiele belegt wird:

1. Hangbewegungen der Deckschichten: — Schuttkriechen; — Hakenwerfen; — Flächenrutschungen; — Erdfließen; — Erdfließen bei Handlova; — Schuttströme; — durch Auswaschen von Sand verursachte Rutschungen;

2. Rutschungen in pelitischen Gesteinen: — Rutschungen längs zylindrischer Gleitflächen; — Rutschungen pelitischer Gesteine längs vorgegebener Flächen; — Böschungsbewegungen, verursacht durch das Auspressen weicher Gesteine;

3. Rutschungen in Festgesteinen: — Felsrutsche längs vorgegebener Flächen; — langzeitige Deformationen von Felsböschungen (Gravitationsrutschungen); — Bergstürze;

4. spezielle Typen von Böschungsbewegungen: — Solifluktion; — sensitive Tone; — Unterwasserrutschungen.

Im 6. Kapitel (27 S.) werden die Untersuchungsmethoden beschrieben, unterteilt in Feldarbeiten (Vermessung, Anwendung der Luftbildgeologie, Kartierung, hydrogeologische Untersuchungen, Bestimmung der Form der Gleitfläche und der Gleitbewegung, Messung des Horizontaldrucks und des elektrischen Potentials der Böden) und Laborarbeiten, Gesteinsprüfungen, Untersuchung kohäsionsloser und kohäsiver Böden.

In einem 7. Kapitel (14 S.) gehen die Autoren auf die Planung der Einschnitte und die Standfestigkeitsanalyse ein und behandeln im Kapitel 8 (25 S.) die erforderlichen Sicherungsmaßnahmen (Stabilisierungsarbeiten, Behandlung der Böschungsoberfläche, Entwässerung von Rutschungen, geteilt in Oberflächen- und unterirdische Entwässerung, Anpflanzungen, Stützmauern, Felsanker, Pfähle, Elektroosmose und thermische Bodenverfestigung, Sprengungen), wiederum durch zahlreiche praktische Beispiele mit Fotos und Zeichnungen ergänzt.

Vorbeugende Maßnahmen, die bei der Aufstellung eines ingenieurgeologischen Untersuchungsprogramms, bei der Standortwahl von Bauwerken, bei Erdarbeiten usw. bereits berücksichtigt werden sollten, werden im 9. Kapitel (9 S.) dargestellt. Abschließend werden Entwicklung und Verteilung von Rutschungen auf dem Gebiet der Tschechoslowakei (Böhmisches Massiv, Karpaten) an Hand von Beispielen aufgezeigt (Kap. 10, 19 S.). Zur Ergänzung wurde dem Buch eine Karte der Tschechoslowakei beigefügt, in die die Rutschungsgebiete eingezeichnet sind.

Sowohl die in der ingenieurgeologischen Praxis tätigen Geologen und Baufachleute als auch die Studierenden finden in dem vorliegenden Buch eine Fülle wissenswerten Materials vor, das für viele Rutschungen als Präzedenzfall dienen kann und zu eigenen schöpferischen Arbeiten bei der Beurteilung und Bearbeitung von Rutschungen anregt. MOLEK

JENDERSIE, H. (Hrsg.)

Kali- und Steinsalzbergbau
Band II: Technologie des Kali- und Steinsalzbergbaus

Leipzig: VEB Deutscher Verlag für Grundstoffindustrie 1968. 474 S., 306 Abb., 98 Tab., Leinen M 55,—

In Heft 12, Band 14 (1968), unserer Zeitschrift besprachen wir den Bd. I des Werkes, der von Prof. GIMM herausgegeben wurde und den Aufschluß und Abbau von Kali- und Steinsalzlagerstätten beinhaltet. Der vorliegende Bd. II dieses Werkes, herausgegeben von Prof. JENDERSIE, hat die Technologie des Kali- und Steinsalzbergbaus zum Gegenstand. Mit ihm schließt das Gesamtwerk ab, das in der Deutschen Demokratischen Republik als Hochschullehrbuch anerkannt worden ist.

Gegliedert in sechs Kapitel, beginnend mit Kapitel 11, werden alle Probleme der Technik unter und über Tage erörtert. Die einzelnen Abschnitte befassen sich mit der Gewinnung, der Förderung, dem Versatz, den elektrotechnischen Einrichtungen, der Aufbereitung und Verarbeitung der Salze und der Beseitigung der Abwässer.

Beide Bände zusammen bilden eine umfassende, systematische Darstellung des gesamten Kali- und Steinsalzbergbaus. Das Werk dient vor allem der Ausbildung wissenschaftlicher Kader dieses Industriezweiges in der DDR, dürfte aber darüber hinaus als Nachschlagewerk im internationalen Maßstab weite Beachtung finden.

Die gediegene Aufmachung, die Abbildungen, die zahlreichen Tabellen und graphischen Darstellungen entsprechen dem Zweck des Werkes, in konzentrierter Form einen möglichst vollständigen Überblick dieses Wissensgebietes zu übermitteln. Es gehört nicht allein in die Hände der Studenten dieses Bergbauzweigs, sondern auch in die von Geologen, Mineralogen, Geophysikern und Geochemikern, die sich mit Kali- und Steinsalzproblemen beschäftigen.

K. KAUTER

FRANKE, H. W.

Methoden der Geochronologie
(Die Suche nach den Daten der Erdgeschichte)

Berlin—Heidelberg—New York: Springer-Verlag, 1969. „Verständliche Wissenschaften", Bd. 98, 132 S., 73 Abb., geh. DM 7,80, US-Dollar 1,95

Als Band 98 der Reihe „Verständliche Wissenschaften" ist im Springer-Verlag diese kleine, aber recht umfassende Übersicht über die verschiedenen Methoden der Geochronologie herausgekommen. Die Arbeit geht zurück auf eine frühere Veröffentlichung des Union-Verlags, Stuttgart, die den Titel trug: Die Sprache der Vergangenheit. Die jetzt vorliegende Darstellung gibt den neuesten Stand dieses Wissengebiets wieder, dessen Komplexität allein schon aus der Anzahl der an ihrem Zustandekommen beteiligten hervorragenden Wissenschaftler ersichtlich ist. Der Inhalt ist in vier Kapitel gegliedert. Sie behandeln: 1. Geschichte und Vorgeschichte; 2. Eiszeitalter und ausklingende Eiszeit; 3. Mittelalter und Altertum der Erde; 4. Urzeit des Weltalls. Alle z. Z. gängigen und zur genauen Datierung geologischer Vorgänge angewandten Methoden, angefangen von Faunen- und Florenbestimmungen bis zu den radioaktiven Messungen und der Rotverschiebung, werden in knapper Form, doch sehr verständlich und wissenschaftlich einwandfrei besprochen. Das Verständnis auch wenig vorgebildeter Leser wird durch zahlreiche gute Abbildungen und graphische Darstellungen erleichtert.

Dieses Bändchen dürfte außer bei den Geologen auch im Bereich anderer Naturwissenschaften aufmerksame und interessierte Leser finden. K. KAUTER

Autorenkollektiv

Fragen der mathematischen Geologie

Leningrad: Verlag Nauka 1968. 290 S., zahlr. Abb. und Tab., Rbl. 2,07

Dem fünfzigsten Geburtstag des „Begründers der mathematischen Geologie", Akademiemitglieds Prof. Dr. A. B. WISTELIUS, ist der Sammelband zugeeignet. Das von ihm geleitete Laboratorium für mathematische Geologie des Instituts für Mathematik der Akademie der Wissenschaften der UdSSR (Leningrad) gab das Buch heraus.

Nach einer kurzen Übersicht über das Schaffen und die Arbeiten von WISTELIUS (Bibliographie 126 Titel) folgen 24 Originalbeiträge der namhaftesten sowjetischen Wissenschaftler auf dem Gebiet der mathematischen Geologie (O. W. SARMANOW, E. P. KALININ, J. W. PODOLSKIJ, W. W. GRUSA, M. A. ROMANOWA u. a.). Ferner sind ausländische Autoren (wie G. V. MIDDLETON, F. CHAYES, D. M. SHAW, E. H. T. WHITTEN, D. G. KRIGE, V. NĚMEC, D. F. MERRIAM) vertreten.

Die Aufsätze wurden thematisch in sieben Kapitel zusammengefaßt. 1. Geologische Hypothesen und Wahrscheinlichkeitsverteilung; 2. Ausnutzung der Besonderheiten des vieldimensionalen Raums zur Lösung geologischer Aufgaben; 3. Paragenetische Analyse; 4. Analyse geologischer Schnitte; 5. Kartierung geologischer Kennzeichen; 6. Verschiedene geologische Aufgaben; 7. Chronik und Bibliographie.

Vom geologischen Inhalt her betrachtet, werden viele geologische Sachgebiete in den einzelnen Artikeln behandelt (z. B. Kleintektonik, physikochemische Phasendiagramme, Geochemie, Petrochemie, Sedimentation, Lagerstätten). Der mathematische Aufwand ist unterschiedlich; doch da die meisten Autoren auf Teilgebieten der mathematischen Geologie führend sind, ist das durchschnittliche mathematische Niveau relativ hoch für Geologen, die sich bisher nicht mit den dargelegten modernen mathematischen Auswerteverfahren beschäftigten.

Der Sammelband „Fragen der mathematischen Geologie" legt erneut Zeugnis von der Aktivität der sowjetischen Wissenschaftler auf dem Gebiet der mathematischen Geologie ab. Er wird in erster Linie die mathematisch interessierten Geologen ansprechen. Er regt aber darüber hinaus weitere Kreise von Lesern an, sich die abgehandelten Methoden zur Verbesserung der eigenen Arbeit zu eigen zu machen. Dem Buch ist deshalb eine möglichst weite Verbreitung zu wünschen. H. THIERGÄRTNER

Autorenkollektiv

Colloque sur l'Eocène, Paris, Mai 1968. Volume II: Etude géologique de quatre sondages dans le Paléogène du Bassin de Paris: Chaignes (Eure); Montjavoult (Oise); Le Tillet, commune de Cires-lès-Mello (Oise); Ludes (Marne)

Paris: Mémoires du Bureau des Recherches Géologiques et Minières, Nr. 59, 1968, 187 S., 9 Abb., 13 Tab., 12 Taf., Anlage: 11 Tab.

Nachdem der erste Band zum Eozän-Kolloquium (Mai 1968 in Paris) zahlreiche Einzeldarstellungen zur Geologie des Eozäns im Nordseebecken und den benachbarten Gebieten des Atlantischen Beckens, der Tethys und der Paratethys brachte, enthält der zweite Band die Dokumentation zu vier geologischen Bohrungen im Paläogen des Pariser Beckens. Die Bohrungen stehen nahe am Beckenrand, drei im NW, eine im E.

Die Beiträge befassen sich mit den Ergebnissen der geophysikalischen Untersuchungen, sie bringen Schichtenverzeichnisse (einschließlich zusammenfassender Tabellen) sowie die Ergebnisse mineralogischer und paläontologischer Bearbeitungen in stratigraphischer und faziell-palökologischer Hinsicht. Tabellen und Diagramme, bei den paläontologischen Arbeiten auch Artenlisten und Abbildungen, vervollständigen und ergänzen die textliche Darstellung. Bei den Ausführungen zur Mineralogie werden kurz die Untersuchungsmethoden genannt und die Minerale charakterisiert, bevor eine detaillierte Beschreibung der Bohrprofile erfolgt. Eine weitere kurze Arbeit befaßt sich mit der Verteilung der Schwerminerale in den einzelnen stratigraphischen Horizonten des Paläogens. Die paläontologischen Beiträge haben die Mollusken, Ostracoden, Foraminiferen, Pollen, Sporen und Plankton sowie Charophyten zum Inhalt. Schließlich ist noch eine Arbeit über die Mikrofazies im Paläogen der vier Bohrungen enthalten. Den Abschluß des Bandes bilden eine zusammenfassende Darstellung und Interpretation aller Ergebnisse durch A. Blondeau, Cl. Cavelier, Cl. Megnien und Ch. Pomerol für die Bereiche der Stratigraphie und Paläontologie, Sedimentologie und Paläogeographie.

Der vorliegende Band ist in zweierlei Hinsicht von Interesse. Einmal enthält er eine Fülle spezieller Analysenergebnisse verschiedenster Art aus den Paläogen-Sedimenten des Pariser Beckens. Darin liegt der Wert für den Benutzer, daß hier nicht bzw. nicht nur generalisierte Ergebnisse vorgelegt werden, sondern Einzeldaten, z. T. über ganze Bohrprofile hinweg, wodurch geologische Entwicklung im Detail beschrieben wird. Dadurch erweitern sich nicht nur unsere Kenntnisse über die Geologie des beschriebenen Gebiets, sondern dadurch wird auch die allgemeine Erkenntnis geologischer Abläufe im weitesten Sinne gefördert. Nicht zuletzt erlauben derartige Detailbeschreibungen mitunter Vergleiche in der kleinsten Einheit von einem Gebiet zum anderen.

Zum zweiten zeigt der Band die Vielseitigkeit der Methoden, mit deren Hilfe moderne geologische Ergebnisse gewonnen werden. Mancher mag diese Feststellung für überflüssig, weil selbstverständlich, halten. Bei aller Selbstverständlichkeit soll es aber der Seltenheit derartiger Publikationen wegen doch gesagt sein. Nicht zuletzt auch deswegen, weil die Demonstration der Vielseitigkeit in sehr illustrativer Weise erfolgt, wobei die hervorragende drucktechnische Ausführung sowie die reiche Ausstattung mit Tabellen und Tafeln diesen Eindruck mitbestimmen.

E. Lazar

Neuerscheinungen und Literaturhinweise

Antonowitsch, S. M., B. A. Nikolajewitsch u. a.

Die Vervollkommnung der Technik und Technologie des Schürf- und Kernbohrens

Verlag Nedra, Moskau 1968. – 218 S., 67 Abb., 24 Tab.

Brenner, M. M.

Die Ökonomik der Erdöl-Erdgas-Industrie der UdSSR

Verlag Nedra, Moskau 1968. – 382 S., 143 Tab.

Autorenkollektiv

Physikalisch-mechanische Eigenschaften und Fragen der Bildung der Lößgesteine Sibiriens

Verlag Nauka, Moskau 1968. – 155 S., Abb., Tab.

Florowskaja, W. N., u. a.

Die Diagnostik organischer Substanzen in Gesteinen und Mineralen magmatischen und hydrothermalen Ursprungs

Verlag Nauka, Moskau 1968. – 249 S., 68 Abb., 29 Tab.

Geodekjan, A. A.

Geologisch-geochemische Besonderheiten der Erdöl-Erdgas-Genese in der Südkaspischen Senke

Verlag Nedra, Moskau 1968. – 148 S., 9 Abb., 20 Tab.

Kolotuchina, S. E.

Die Geologie der Lagerstätten seltener Elemente Südamerikas

Verlag Nauka, Moskau 1968. – 278 S., 65 Abb., 37 Tab.

Kulikowskij, W. K.

Lagerstätten nichtmetallischer nutzbarer Bodenschätze

Verlag Kiewsk. Univ., Kiew 1968. – 226 S., 35 Abb., 2 Tab.

Maslow, K. S.

Die wissenschaftlichen Grundlagen des Aufsuchens lithologischer und stratigraphischer Erdöl- und Erdgaslager in terrigenen Schichtenfolgen

Verlag Nedra, Moskau 1968. – 220 S., 80 Abb.

Autorenkollektiv

Regionale Geologie der Tschechoslowakei

Verl. Academia, Prag 1967. – 7 Karten in einer Leinenmappe, Format: 180 × 245 mm; Format je Karte: 83 × 47 cm; Maßstab 1:1000000; Textbeilage in Engl.

Král, V.

Geomorphologie des hohen Erzgebirges und das Problem der Rumpffläche
(Mathematische und naturwissenschaftliche Reihe des Verlages Academia)

Verl. Academia, Prag 1968. – Jg. 1968/87, H. 9, 64 S., 5 Abb., 19 Bildtaf.

Smolíková, L.

Mikromorphologie und Mikromorphometrie der pleistozänen Bodenkomplexe. Vergleichsuntersuchungen der Interglazialböden von Letky und Vltava
(Mathematische und naturwissenschaftliche Reihe des Verlages Academia)

Verl. Academia, Prag 1968. – Jg. 1968/78, H. 2, 46 S., 19 Abb., 19 Bildtaf.

Hirsch, P., u. a.

Elektronenmikroskopie dünner Kristalle

Verl. Mir, Moskau 1968. – 576 S., 388 Abb. (aus dem Engl.)

Autorenkollektiv

Die hydrothermale Synthese von Kristallen

Verl. Nauka, Moskau 1968. – 216 S.

Ubbelohde, A.

Schmelzen und Kristallstruktur

Verl. Mir, Moskau 1969. – 420 S. (aus dem Engl.)

Kumok, J. Gubkin

Das Leben hervorragender Menschen

Verl. Mol. gwardija, Moskau 1968. – Folge 23/462, 288 S.

Kriwzow, A. I.

Grundfragen der Theorie der Bildung von Bauxiten und prognostischer Bewertung der Bauxitführung mesozoischer und känozoischer Ablagerungen des Urals, der Turgaj-Senke und Westsibiriens

Isdat. Nedra, Leningrad 1968. – 366 S., 182 Abb., 2 Beil.

Poleshajew, P. W., & L. A. Lubenskij

Netzwerkmethoden der Planung von geologischen Erkundungsarbeiten

Isdat. Nedra, Moskau 1968. – 79 S., 21 Abb., 8 Tab.

Schatalow, E. T.

Der geologische Bau der UdSSR

Teil 1: Stratigraphie

710 S., 27 Abb., 6 Tab., 14 Beil.

Teil 2: Tektonik

534 S., 45 Abb., z. T. als Beil., 5 Tab.
Isd-wo Nedra, Moskau 1968

Zeitschrift für angewandte Geologie, Bd. 15 (1969), Heft 12

Informationen

Internationales Symposium zur Geschichte der Lagerstättenlehre 1970 in Freiberg (Sa.)

Das Internationale Komitee für Geschichte der Geologischen Wissenschaften (INHIGEO) hat beschlossen, in der Zeit vom 14. bis 20. September 1970 in Freiberg (DDR) ein Symposium zur Geschichte der Lagerstättenlehre durchzuführen.

Das Komitee, das im Juni 1967 in Jerewan (UdSSR) gegründet wurde, ist ein Grenium der Internationalen Union für Geologische Wissenschaften (IUGS) und der Internationalen Union für Geschichte und Philosophie der Wissenschaften (IUHPS). Präsident des Internationalen Komitees für Geschichte der Geologischen Wissenschaften ist derzeit Professor W. W. Tichomirow, Moskau.

Die Wahl des Themas „Geschichte der Lagerstättenlehre“ für das Symposium in Freiberg wird durch die Tatsache bestimmt, daß Begründung und Fortschritt der geologischen Wissenschaften eng mit dem Studium der Lagerstätten verknüpft sind. Über das theoretische Interesse an diesen Fragen hinaus hat ein solches Thema auch praktische Bedeutung, weil die Nutzung der Lagerstätten eine wesentliche Rolle in der Entwicklung der menschlichen Gesellschaft spielt. Es ist vorgesehen, auf dem Symposium folgende Probleme zu behandeln:

1. Geschichte von Theorien und Ansichten zur Genese, zum geologischen Bau und zur Systematik von Lagerstätten nutzbarer Rohstoffe (Erzen, Erdöl und Erdgas, Kohle, Salz usw.).

2. Geschichte von Methoden der Suche und Erkundung von Lagerstätten.

3. Die Bedeutung von Lagerstätten nutzbarer Rohstoffe während verschiedener Perioden in der Geschichte der menschlichen Gesellschaft.

4. Die Rolle prominenter Wissenschaftler für den Fortschritt der Lagerstättenlehre.

Neben den Vorträgen und Diskussionen zu diesen Themen soll im Rahmen des Symposiums ein Kolloquium über die Rolle der Wissenschaftsgeschichte durchgeführt werden. Die Teilnehmer des Symposiums werden Gelegenheit haben, sich auf Exkursionen mit interessanten Dokumenten, Denkmalen und Sehenswürdigkeiten zur Geschichte der geologischen Wissenschaften, des Bergbaus und der Kulturgeschichte in Freiberg, Dresden, Weimar und im Sächsischen Erzgebirge bekannt zu machen.

In der DDR wird das Symposium von der Bergakademie Freiberg und dem Nationalkomitee für Geologische Wissenschaften bei der Deutschen Akademie der Wissenschaften zu Berlin organisiert. Unter dem Vorsitz von Prof. Dr. rer. oec. habil. J. Köhler, Rektor der Bergakademie, hat sich in Freiberg ein Vorbereitendes Komitee für das Internationale Symposium zur Geschichte der Lagerstättenlehre konstituiert.

Informationen über das Symposium gibt der Sekretär des Vorbereitenden Komitees, Dr. Martin Guntau, DDR — 92 Freiberg, Bergakademie, Brennhausgasse 14.

Entwicklung der Erdölindustrie auf der Halbinsel Mangyschlak

Auf der Halbinsel Mangyschlak, am Ostufer des Kaspischen Meeres, wurden im Jahre 1960 die ersten bedeutenden Erdöllagerstätten bei Schatybai und Usen erbohrt. Im Jahre 1966 betrug die Erdölförderung schon 2 Mill. t. Sie erhöhte sich im Jahre 1967 durch mehrere Neuentdeckungen auf 5 Mill. t. Derzeit sind hier über 250 Sonden in Betrieb. Laut Perspektivplan soll 1970 die Förderung auf der Halbinsel 20 Mill. t Erdöl betragen. Für den Transport dieses Öls wurde mit dem Bau einer Ölleitung von Mangyschlak nach Kuibyschew begonnen.

Vor kurzem wurde die erste Etappe dieser Pipeline mit einem Durchmesser von über 1 m beendet. Sie führt bis nach Gurjew, wo sich ein petrolchemisches Kombinat befindet. Das Erdöl von Mangyschlak enthält große Beimengungen von Paraffin. Zur Ermöglichung eines schnelleren Durchflusses mußten auf der Trasse mehrere Spezialöfen zur Erwärmung des Öls gebaut werden.

Pläne für neue Erdgasleitungen in der UdSSR

Bis zum Ende des Jahres 1970 ist in der UdSSR der Bau neuer Rohrleitungen mit einer Gesamtlänge von 16000 km geplant. Das wichtigste Projekt ist der Bau einer Pipeline aus dem Gebiet Tjumen (Westsibirien) in die zentralen Regionen des Landes und von dort weiter in die baltischen Republiken. Sie hat eine Gesamterstreckung von ca. 3000 km (1600 km auf dem Gebiet Sibiriens und 1400 km im europäischen Teil der UdSSR). Durch diese Gasleitung können jährlich 130 Mrd. m^3 Erdgas transportiert werden.

Ein Zweig dieser Leitung soll aus Tjumen, wo das Gas aus mehreren Gasfeldern gesammelt wird, über Ingrim, Serow, Nishny Tagil bis Swerdlowsk oder bis Tscheljabinsk führen.

Die im Polargebiet verlaufende Gasleitung von Miesoj nach Norilsk mit einer Länge von 270 km befindet sich im Bau. Für den Abtransport des westsibirischen Erdgases soll gleichfalls eine Gasleitung verlegt werden. Sie führt von Myldshinskoje, im Gebiet Tomsk, über Kemerowo und Nowosibirsk nach Karaganda.

Für die Nutzung des Erdgases von der Insel Sachalin dienen die Gasleitung von Och auf Sachalin bis Komsomolsk und weiter nach Nachodka mit 615 km sowie eine zweite von Och nach Korsakow im Südteil Sachalins.

In Mittelasien wird ein Leitungssystem von Gasli aus Turkmenien über Saratow bis Moskau sowie nach Tscheljabinsk weiter ausgebaut. Daneben soll demnächst eine 500 km lange Abzweigung dieser Pipeline über Kuibyschew nach Togliatti und später nach Tschapajewsk und Nowokuibyschew führen.

Auf der Halbinsel Mangyschlak soll eine Reihe von Gasleitungen für die Abförderung der dort angetroffenen Erdgaslagerstätten gebaut werden.

In der Ukraine wird eine zweite Abzweigung der Gasleitung „Freundschaft“ in die Slowakei verlegt. Sie führt nach Ushgorod und soll im Jahre 1971 bis nach Mangatsch und Swalawa fortgeführt werden.

Außerdem ist eine Reihe weiterer Rohrleitungen projektiert, so nach dem Transkaukasus, in die zentralen Gebiete der UdSSR (Tura, Perm), in den Ostteil der Ukraine (Tscheblenka—Kiew) sowie in die baltischen Republiken (Kowno—Klaipeda).

Erdölgebiet Arktis

Die neuen aufsehenerregenden Erdölfunde im Polargebiet im äußersten Norden Alaskas, die Funde innerhalb des arktischen Raums der Sowjetunion sowie Feststellungen und Vermutungen über das Vorhandensein von Kohlenwasserstofflagerstätten in der Nordsee und im skandinavischen Bereich haben ein nachhaltiges Interesse an der Untersuchung arktischer Räume auf Lagerstätten von Erdöl und Erdgas hervorgerufen.

Im Verlauf der Sucharbeiten vor der dänischen Küste wurden bisher (nach „PPS“, 7/69) auf dem Festlandsockel im Nordseebereich 11 Bohrungen niedergebracht, von denen 3 fündig geworden sind. Die in gleicher Zeit abgeteuften 23 Landsuchbohrungen hingegen sind erfolglos geblieben. Neuerdings richtet sich das Interesse dänischer Stellen auf das Polargebiet, speziell auf die Erdölhöffigkeit Grönlands. Im Vordergrund steht dabei das sogenannte westgrönländische Becken, das sich längs der Westküste Grönlands zwischen Ingeret, nahe dem 72. nördlichen Breitengrad, und der Insel Grönne, etwas südlich des 69. Breitengrads, erstreckt. Zu diesem Gesamtbereich gehört auch ein Landgebiet von rd. 6000 km^2.

Norwegen verdient ohnehin schon durch die Fundbohrungen im Nordseebereich südlich von Stavanger erhöhte Aufmerksamkeit. An gänzlich anderer Stelle aber, nämlich in und um Spitzbergen, beginnt sich derzeit das Interesse für neue Sucharbeiten zu konzentrieren. Nachdem dort, abgesehen von älteren Schürfarbeiten, bereits seit 1960 Programme von geologischen und geophysikalischen Voruntersuchungen abgelaufen sind, wurden neuerdings von der norwegischen Regierung Konzessionen angeboten, von denen viele bereits vergeben werden konnten. Besondere Aufmerksamkeit findet ein Gebiet am Bell-Sund, wo 1956 schon eine Probebohrung bei 3305 m Teufe Gasanzeichen angetroffen hat.

Auch Schweden hat begonnen, seinen Festlandsockel systematisch auf Kohlenwasserstofflagerstätten abzusuchen. Im Süden des Landes, vor allem in der Provinz Skane, rechnet man mit potentiellen Ölfallen in paläozoischen Sedimenten. Vor allem aber stehen die Inseln Gotland und Öland im Vordergrund. Die Suche in der Ostsee selbst — der schwedische Teil gilt als noch nicht genug durchforscht — hat durch die Funde an der sowjetischen Ostseeküste (Klaipeda und Kaliningrad) neuen Auftrieb erhalten.

Bau einer Gasleitung in der SFR Jugoslawien

In Kürze wird mit dem Bau einer Gasleitung aus Velebit nach Zemun begonnen. Sie hat eine Länge von 200 km und eine Durchlaßfähigkeit von 1 Mrd. m^3 Gas pro Jahr. Die Trasse der Leitung geht über Senta, Srbobran und Novi Sad, über den Ostteil von Syrmia bis Zemun. Hier wird sie an die Versorgungszentrale angeschlossen, die Gas nach Belgrad, Pancevo und in andere Bedarfszentren liefert. Der nördliche Abschnitt der Gasleitung soll mit der schon existierenden Gasleitung aus Mokrin nach Pancevo in Banacia verbunden werden und die Gasraffinerie und Stickstoffabrik in Pancevo mit Gas versorgen. Außerdem werden die Gasleitungen Pancevo—Kovin an Smederovo (36 km) sowie Elemir—Novi Sad an Beocin (70 km) angeschlossen. Erstere soll Gas in die Eisenhütte in Smederovo, die andere nach Novi Sad liefern.

Projekt eines Unterwasserspeichers

Im Persischen Golf werden derzeit Möglichkeiten zur Errichtung eines Unterwasserölspeichers untersucht. Der Speicher soll ca. 70000 t Fassungsvermögen haben und in einer Tiefe von 50 m auf dem neuentdeckten Ölfeld, ca. 100 km von der Dubai-Küste entfernt, errichtet werden. Er wird unmittelbar auf dem Ölfeld im Golf errichtet, damit der sonst notwendige Bau einer Ölleitung an die Küste entfällt. Unmittelbar neben dem Speicher werden große Öltanker die Weiterbeförderung des auf diesem Feld geförderten Öls übernehmen.

Die höchsten Pipelines der Welt

Laut „PPS" (6/1969) schickt sich Ekuador an, eine Konzession für einen Pipelinebau zu vergeben, da das Produkt seiner östlich der Kordilleren liegenden Ölfelder über den Gebirgsstrang hinweg transportiert werden soll, um im Hafen von San Lorenzo, im äußersten NW des Landes, verladen zu werden. Die Tagesleistung der östlichen Ölfelder wird vorsichtig mit 20000 bls angegeben. Sie liegt entsprechend der vorgesehenen technischen Konstruktion sicherlich höher. Die Leitung soll einen Durchmesser von 61 cm erhalten und muß eine Maximalhöhe von 4120 m NN überwinden. Es ist vorgesehen, sie noch im Laufe des Jahres 1971 fertigzustellen.

Etwa parallel dazu läuft im S Kolumbiens eine Pipeline, die kürzlich fertiggestellt werden konnte. Sie nimmt ihren Ausgang in Orito, ebenfalls jenseits der Ostkordilleren, überwindet eine maximale Höhe von 3520 m NN und endet in dem kleinen Hafen von Tumaco am Pazifischen Ozean. Die einzelnen Streckenabschnitte haben verschiedene Durchmesser, von denen der geringste 35,6 cm beträgt. Die Gesamtlänge des Strangs umfaßt 309 km.

Die höchste Pipeline der Welt liegt in Bolivien. Sie verbindet die im Osten gelegenen Ölfelder von Santa Cruz mit dem chilenischen Hafen Arica. Sie ist 1055 km lang. Ihr Gipfelpunkt liegt bei 4525 m NN. Das Rohöl wird durch 6 Pumpstationen über die Andenkämme gehoben. Vier Druckverminderungswerke bremsen dann seinen Fall bis zur Küste.

Die Fertigstellung dieser Leitungen stellt unvorstellbar schwere Anforderungen an die Ingenieure und Arbeiter. Sie öffnen den Weg für die intensive Nutzung der ausgedehnten Kohlenwasserstofflagerstätten, die sich entlang der Ostkordilleren von Venezuela bis nach Feuerland über den ganzen Kontinent hinziehen.

Platin — Nickel — Kupfer in Südafrika

Die Produktion der Platinmine bei Rustenburg, im Staate Transvaal, dürfte Mitte 1970 ihre geplante Endkapazität von jährlich 1 Mill. Feinunzen erreichen. Die weiterhin anhaltende Suchtätigkeit hat ergeben, daß in diesem Gebiet noch viele unerschlossene Lagerstätten ähnlicher Art vorliegen. Dies gilt insbesondere für den Bereich des Merensky Reefs.

Einen bisher in der Welt noch unbekannten Lagerstättentyp bildet die Lagerstätte Pallabora in Transvaal. Ein kaminartiger Schacht mit einem Durchmesser von etwa 1 km ist mit Karbonatit gefüllt. Er ist erzimprägniert und weist in der Innenzone Cu-Gehalte von 1,26%, in der Außenzone von 0,51% auf. Im Durchschnitt rechnet man mit einem Cu-Gehalt von 0,68%. Der Grenzwert wird mit 0,30% angegeben. Die Erzvorräte werden mit je 10 m Teufe mit 1,9 Mill. t im inneren Teil und mit 8,3 Mill. t im äußeren Mantel angegeben.

Die nachgewiesenen Vorräte der Mine O'Okiep werden mit 27 Mill. t bei einem Cu-Gehalt von 1,52% angegeben. Der Merensky-Horizont des Bushveld-Komplexes enthält bei Rustenburg und in dem Northam-Bezirk 6,2 und 7,8 g Metall der Platingruppe. Davon sind 60% reines Platin. Insgesamt wird mit 6200 bis 9300 t Gesamtinhalt an Metallen der Platingruppe gerechnet.

Kupferzlagerstätten der Philippinen

Zum Typ der "disseminated porphyr copper ores" gehört die Lagerstätte Toledo auf Cebu. Die dortigen Vorräte werden mit rund 100 Mill. t und einem Gehalt von 0,7% Cu beziffert. Zum gleichen Typ gehört auch die Lagerstätte von Sipalay auf Negros mit Vorräten von 20 Mill. t und Gehalten von 0,8% Cu und 0,03% MoS_2. Auch die kleineren Lagerstätten von Santo Thomas auf Luzon mit insgesamt 30 Mill. t Erz und Gehalten von 0,6 bis 0,7% Cu sind hier zu nennen.

Auf der Insel Mariduque wird derzeit eine Kupfererzlagerstätte erschlossen, deren Vorräte sich auf 90,5 Mill. t Erz mit einem Gehalt von 0,76% Cu und etwas Gold belaufen. Die Förderung soll 15000 t/d betragen.

Neue Kupfererzlagerstätte in Sambia

Etwa 300 km westlich des bereits bekannten Kupfergürtels von Sambia wurde kürzlich eine extrem reiche Kupfererzlagerstätte entdeckt. Die durchschnittliche Mächtigkeit des Erzkörpers soll 25 m betragen. Das Lager selbst soll in eine überkippte Serie von präkambrischen Sedimenten eingelagert sein. Die Mineralisation ist vorwiegend oxidisch. Vorläufig sind 300000 t Erz mit 24% Cu nachgewiesen.

Die Kupfererzlagerstätte von Outokumpu

Finnlands bedeutendste Kupfererzlagerstätte Outokumpu liegt in Nordkarelien inmitten der karelischen Glimmerschieferzone. Es handelt sich um zwei plattenförmige Erzkörper, die ein Einfallen von 0 bis 30° aufweisen. Ihre Erstreckung in der Streichrichtung reicht bis zu 4 km. Die mittlere Mächtigkeit beträgt 8 m. Über die Erzzusammensetzung ist folgendes bekannt: Der Kupfergehalt beträgt 3,6%, der Schwefelgehalt 27,5%, Zink 0,75%, Quarz und Silikate 40 bis 45%. Daneben treten kleinere Mengen von Kobalt, Nickel, Silber, Gold und Selen auf.

Die Mount-Isa-Lagerstätte in Australien

Die vulkanogen-sedimentären Blei-Zink-Lagerstätten des Mount Isa in Queensland (Australien) sind bereits während des zweiten Weltkriegs in Betrieb genommen worden. Die Erze bilden feinbändrige Linsen vom Rammelsberg-Typ innerhalb von schiefrigen präkambrischen Gesteinen. Es treten sowohl kupferreiche als auch blei-zink-reiche Erzkörper auf. Die Vorräte der kupferreichen Erze werden mit 27 Mill. t zu 3,6% Cu-Gehalt, die der Blei-Zink-Körper mit 26 Mill. t zu 7,8% Pb und 5,9% Zn angegeben.

Niobproduktion in Kanada

Die Produktion Kanadas an Niobkonzentraten beläuft sich derzeit auf etwa 1000 t pro Jahr. Es ist in Aussicht genommen, die Erzförderung auf etwa 4000 t zu erhöhen. Neue Lagerstätten sind in Chuitt, Musoni und Northbai (Ontario) entdeckt worden. Die größte Pyrochlorlagerstätte liegt in Oka (Quebeck). Mit der Erweiterung der Verwendungsmöglichkeiten dieses Elements bei der Herstellung hitzebeständiger und nichtrostender Stähle und Rohre wird allgemein mit einer Vergrößerung der Nachfrage gerechnet.

Kali in Kanada

Kanada nimmt nach den USA und der UdSSR in der Weltproduktion von Kali den dritten Platz ein. Gegenüber 1966 ist die Produktion von 1967 sprunghaft um 29,4% auf 3,265 Mill. t gestiegen. Die Lagerstätten befinden sich ausnahmslos im E des Landes, in der Provinz Saskatchewan. Die Tiefenlage des Abbaus verändert sich von 900 m im N auf 1200 m im S. 95% des Kalisalzes geht in die Düngemittelfabriken (Weltbedarf pro Jahr derzeit ca. 13,5 Mill. t).

Vor kurzem ist in Saskatchewan die sechste Kaligrube eröffnet worden.

Aus der Bergbauwirtschaft von Peru

Die wichtigsten Lagerstätten Zentralperus liegen in einer Zone, die sich sichelförmig etwa 150 km östlich von Lima erstreckt. Die in Höhen von +3500 bis +5000 m NN liegenden wichtigsten Buntmetalle dieser Zone sind Kupfer, Blei, Zink und Silber. Von hier stammen 43,6% der Silberförderung des Landes. Aus zehn Gruben dieses Bereichs kommen 90% der Zinkförderung. Außerdem liefern diese Minen $^2/_3$ der Bleiproduktion und 46,8% des aus Gang- und Verdrängungslagerstätten stammenden Kupfers.

Lagerstätte Cerro de Pasco

Die Vorräte der Blei-Zink-Kupfer-Lagerstätte Cerro de Pasco werden auf 100 Mill. t Erz mit 2 Mill. t Blei-, 4 Mill. t Zink- und etwa 4 Mill. t Kupferinhalt geschätzt. Der frühere Tiefbau wird z. Z. in einen Tagebau in etwa 4300 m Höhe umgewandelt. Die oxidischen Erze kommen in La Oroya zur Verhüttung. Am Meer, ca. 30 km nördlich von Lima, soll eine neue Zinkhütte errichtet werden.

Lagerstätte Toquepala

Der in 3000 m Höhe umgehende Kupferbergbau von Toquepala, ein Tagebau in Südperu, hat im Primärerz 1% Cu. Der Molybdänanteil ist stetig im Steigen begriffen. 30 km nördlich von Toquepala wurden bei Cuajones bisher 470 Mill. t sulfidisches Kupfererz mit 1% Cu erbohrt. Als bauwürdig wird ein Gehalt von 0,45% Cu angesehen.

Eisenerzlagerstätten

Die Vorräte der Eisenerzlagerstätte Marcona werden auf 600 bis 700 Mill. t geschätzt. Der grobkristalline Magnetit mit 59% Fe wird auf 65% angereichert und pelletiert. Die Magnetit- und Hämatiterze der Mine Acari haben Durchschnittsgehalte von 65% Fe. Vor der Verschiffung werden sie durch Magnetscheidung angereichert.

In dem Zuflußgebiet des Amazonas sind neuerdings ausgedehnte Lagerstätten von Manganerz bekannt geworden.

Neues aus der Bergbauwirtschaft Kanadas

Aus Kanada, dessen Bergbauwirtschaft einen beachtenswerten Aufschwung zu verzeichnen hat, liegen folgende neue Informationen vor:

Zink — Kupfer

In Timmins, im Staate Ontario, wurden bisher 55 Mill. t Erz mit 7% Zn und 1,3% Cu auf Lagerstätten des vulkanogen-sedimentären Typus nachgewiesen. In der weiteren Umgebung treten kleinere magmatische Lagerstätten mit Nickelsulfiden auf. Systematische Untersuchungen auf Lagerstätten des gleichen Typs laufen an weiteren Stellen des Landes.

Die Lagerstätte von Matagami in der Provinz Quebec, die zu den Blei-Zink-Lagerstätten des Mississippi—Missouri-Typs gezählt wird, verfügt über Vorräte von mehr als 20 Mill. t Erz. Die Gehalte liegen bei 12% Zn und 0,7% Cu. Die Erze treten als Sulfide in Linsen auf, die genetisch an metamorphosierte dazitische und andesitische Gesteine gebunden sind.

Kupfer

Die Kupfererzlagerstätte von Timagami Islands, etwa 75 km nordöstlich von Sudbury im Staate Ontario gelegen, wird genetisch als eine hochthermale Bildung aufgefaßt. In stark gestörten Vulkaniten archaischen Alters treten hier 17 reiche Kupfererzkörper auf. Die Erze enthalten über 5% Cu und geringe Mengen an Ni. Ärmere pyritische Erzkörper führen bis zu 0,78% Cu, 0,58% Ni und 0,07% Co. Die Vorräte sollen nicht sehr bedeutend sein.

Blei — Zink

Im Gebiet von Bathurst, in Neubraunschweig, wurden in den letzten Jahren metamorphosierte Pyriterzkörper mit Blei-Zink-Kupfer-Vererzung systematisch untersucht. In ordovizischen Vulkaniten und Sedimenten konnten mehr als 200 verschiedene Erzkörper dieser Art festgestellt werden. Die Vorräte der einzelnen Erzkörper sind sehr unterschiedlich. Sie werden mit 20 bis 30 Mill. t beziffert. Insgesamt werden die Vorräte auf 300 Mill. t geschätzt. Auch über die Gehalte liegen nur Schätzungen vor. Man spricht von etwa 15% Pb + Zn.

Die neuerschlossene Lagerstätte Pine Point im Gebiet des Großen Sklavensees zählt genetisch zu den vulkanogen-sedimentären Bildungen. Die Erze treten in Kalken und Dolomiten des Mitteldevons auf. Die bisher bekannten Vorräte belaufen sich auf mindestens 100 Mill. t mit 4% Pb und 7% Zn.

Silber — Kobalt

Aus Ablagerungen im Bett des Kobaltsees wurden in den eisfreien Monaten des Jahres 1967 insgesamt 190680 Unzen Silber gewonnen. Aus 38860 t durchgesetzten Grubenerzen konnten im gleichen Jahre 59820 lbs Kobalt und 668920 Unzen Silber produziert werden. Das Silber wurde zu 94% ausgebracht.

Flußspat

Eine nicht näher genannte Lagerstätte der Yale Lead u. Zink Mines Ltd. enthält mehr als 3 Mill. t verwertbaren Mineralinhalt mit 43,58% $BaSO_4$ und 17,36% CaF_2. Es lassen sich Barytkonzentrate mit 93% und Flußspatkonzentrate mit 97% herstellen.

Uranvorräte der kapitalistischen Länder

Nach der ersten starken Nachfrage nach Uran, die 1950 begann und die in den letzten Jahren abgeklungen war, ist heute ein erneuter Anstieg festzustellen. In den Ländern der westlichen Hemisphäre schätzt man 1980 den Jahresbedarf an U_3O_8 auf 80000 t. Zu diesem Zeitpunkt werden insgesamt etwa 500000 t verbraucht sein. Die gegenwärtig als gesichert geltenden Vorräte der kapitalistischen Länder an U_3O_8 belaufen sich auf 850000 t. Sie gliedern sich wie folgt auf:

USA	300000 t
Kanada	250000 t
Südafrika	200000 t
Frankreich	40000 t
Australien	15000 t
Spanien	11000 t
Sonstige	34000 t
	850000 t

Die Jahresproduktion dürfte 1970 bei 20000 t und 1980 bei 32000 t liegen. Um die Differenz zwischen Bedarf und Produktion auszugleichen, werden derzeit vielerorts Such- und Erkundungsarbeiten auf Uran ausgeführt. Die USA wandten 1967 allein hierfür 3,5 Mill. Bohrmeter auf. In diesem Jahre soll die Zahl etwa verdreifacht werden. Auch werden in den Ländern, in denen früher die Explorationsarbeiten abgebrochen wurden, neue Untersuchungen ausgeführt. Zu diesen Ländern gehören: Mexiko, Australien, Afrika und Westdeutschland.

Entwicklung der Aluminiumindustrie in der Ungarischen VR

Die Aluminiumindustrie hat in der Ungarischen VR in den letzten Jahren einen beachtenswerten Aufschwung genommen. Nachfolgende Tabelle gibt die Entwicklung in knappen Zahlen wieder. Die Mengen sind Angaben in 1000 t.

	1965	1966	1967
Bauxitgewinnung	1478000	1428000	1461000
Erzeugung von Aluminiumoxid	267000	296000	447000
Erzeugung von Hüttenaluminium	58000	61000	61000

Die Bauxitförderung soll 1970 2 Mill. t erreichen und bis 1975 auf 3,2 Mill. t ausgebaut werden.

Uran in Großbritannien

Auf der Suche nach Brennstoff für die britischen Kernkraftwerke ist eine geologische Forschungsgruppe in den Midlands auf Uranlagerstätten gestoßen. Dem Vernehmen nach handelt es sich dabei um große Mengen von Uran. Sie lagern in roten Sandsteinschichten, die sich von Stoke-on-Trent in The Potteries bis nach Bridgnorth in Shropshire erstrecken. Weitere Einzelheiten stehen noch aus.

Erschließung der Erdwärme auf den Philippinen

Geothermische Untersuchungen lassen die Vermutung zu, daß die Ausnutzung der geothermischen Energie für die Elektrizitätserzeugung auch auf den Philippinen, ähnlich wie in anderen Teilen der Erde, möglich sein wird. Bisher wurden, Berichten der „Philippine Commission on Volcanology" in Quezon zufolge, im äußersten SE der Hauptinsel Luzon, im Tiwi-Geothermalfeld, in der Nähe des Vulkans Mayon am Golf von Lagonoy, einige Flachbohrungen bis zu einer Teufe von etwa 200 m niedergebracht, die heißes Wasser und Dampf lieferten. Die Auswahl der Bohrpunkte erfolgte auf Grund geophysikalischer Voruntersuchungen. Inzwischen konnte eine Versuchsturbine mit geringer Leistung installiert werden. Eine Reihe von Tiefbohrungen sind geplant, die größere Dampfmengen erbringen sollen, die für den Betrieb von Turbinen in wirtschaftlichem Maßstab notwendig sind. Bei den Arbeiten auf den Philippinen wurden Erfahrungen aus Italien und Neuseeland berücksichtigt, wo bereits geothermische Dampfkraftwerke in wirtschaftlichem Umfang elektrische Energie liefern.

Murr

Lagerung radioaktiver Abfälle in den USA

Die Beseitigung der radioaktiven Abfälle ist allgemein ein Problem, das nicht nur technische, sondern auch geologische Seiten aufweist. Es haben sich dabei, je nach den örtlichen Gegebenheiten, verschiedene Methoden herausgebildet.

So wird seit 1955 in den USA eine Versenkung radioaktiver Abfälle durchgeführt. Hierzu wurde eine relativ gute Methode ausgearbeitet, die nicht nur zum Versenken von Abfällen, sondern auch für Zwecke der Erdölindustrie angewandt wird. In allen Versenkungsbezirken sind zuvor die geologischen und physikalischen Eigenschaften der Nebengesteine sowie die hydraulischen Kennziffern eingehend untersucht worden. Die Versenkung erfolgt in der Regel bei Teufen von 300 bis 1000 m. Als bester Speicher in den gesamten USA gilt dabei das Michigan-Becken, wo das Versenken bei 800 bis 2500 m Teufe in einer kambrischen Sandsteinformation, die eine Mächtigkeit bis zu 100 m aufweist, vorgenommen wird. Die Frage der Versenkung gasförmiger radioaktiver Abfälle ist noch nicht gelöst. An diesem Problem wird intensiv gearbeitet.

Auch Salzschächte kommen für eine Lagerung derartiger Abfälle in Betracht. Am 14. November 1965 lief in Lyons, im Staat Kansas, ein Programm an, bei dem sieben Kanister mit radioaktiven Abfällen eines Versuchsreaktors in einer Salzschicht bei 300 m Teufe eingebracht wurden. Die Radioaktivität der Abgänge erreichte 1,6 Mill. C. Im Mai 1967 war die größte Radioaktivität im Salz gleich $5{,}3 \cdot 10^8$ Rad. Die höchste Temperatur erreichte 160°C. Als Ergebnis wurde bei den Untersuchungen festgestellt, daß das Versenken im Salz wirtschaftlicher, billiger und gefahrlos ist. Im Hinblick auf die starke Entwicklung von Salzkuppeln in dem Gebiet der USA eröffnen sich große Perspektiven für ihre Nutzung als Behälter für den radioaktiven Abfall.

Kurznachrichten

Im ersten Vierteljahr 1969 stieg die **Erdölförderung** der **UdSSR** um 3% über das Niveau des gleichen Zeitraums im Vorjahr auf insgesamt 76,7 Mill. t.

Die **VR Polen** hat im vergangenen Jahre 474743 t **Erdöl** gefördert. Das entspricht einem Anstieg von 5,5% gegenüber dem Vorjahr. Die Erdgasproduktion belief sich im gleichen Jahre auf 2,34 Mrd. m³. Der Zuwachs betrug hier 49%.

Die **Erdgasförderung** der **VR Polen** stieg von 1570 M ll. m³ 1967 auf ca. 2500 Mill. m³ 1968 und soll zu Ende dieses Jahres etwa 3500 Mill. m³ erreichen.

In der **Ungarischen VR** wurden 1968 1,8 Mill. t **Erdöl** gefördert. Im Vorjahr waren es 1,7 Mill. t. Die entsprechenden Zahlen für Erdgas lauten 2,7 Mrd. m³ für 1968 und 2,0 Mrd. m³ für 1967.

Entsprechend dem Entwurf für den neuen Fünfjahrplan der **SR Rumänien** (1971—1975) soll die **Erdölproduktion** des Landes nur unbeträchtlich von 13,1 auf 13,5 Mill. t pro Jahr steigen. Die Gewinnung von Erdgas steigt im gleichen Zeitraum von 22 auf 24 Mrd. m³.

Die Canadian Petroleum Association, ein Interessenverband der kanadischen Erdölfördergesellschaften, schätzt die gewinnbaren **Mengen an Erdöl** aus Teersanden und Ölschiefern **Kanadas** auf insgesamt 120,8 Mrd. bls und die entsprechenden Mengen von Erdgas auf $20{,}5 \times 10^{12}$ m³.

Die erste Bohrung einer kanadischen Gesellschaft auf der **Melville-Insel** stieß bei Kap Drake Point in 1159 m Teufe auf eine vielversprechende **Erdgaslagerstätte**.

In einem ausgedehnten Suchprogramm wurde bei Dum Duma, in Oberassam **(Indien)**, die 12. Bohrung in 4085 m Teufe fündig. Sie ergab bei einer Testförderung täglich 430 bls **Erdöl**. Diesem Fund wird für die weitere Entwicklung der indischen Erdölproduktion große Bedeutung beigemessen.

Der Bergbauminister von **Indonesien** teilte mit, daß für das Jahr 1971 aus den neuerschlossenen **Erdöllagerstätten** des Landes eine Produktion von 40 Mill. bls erwartet wird. Derzeit laufen Sucharbeiten in 4 von insgesamt 13 Meeressuchgebieten.

Die **Blei-Zink**-Lagerstätte von Kizmica bei Trepca in der **SFR Jugoslawien** ist eine Imprägnationslagerstätte. Geologisch liegt sie am Kontakt von Andesit zu Serpentin. Die Vorräte werden mit 7 Mill. t und Gehalten von 4,5% Pb und 1,5% Zn angegeben.

Nach neuesten sowjetischen Berechnungen enthält das gesamte **Meerwasser** der Erde $48 \cdot 10^{15}$ t **gelöste Salze**. Die Reserven sind durch ständige Neuzuführungen praktisch unerschöpflich. Unter entsprechenden technischen Voraussetzungen könnten große Mengen Kochsalz, Kalisalz, Magnesium, Brom und Schwefelsäure gewonnen werden.

Laut „PPS" (7/69) ist im britischen **Nordseebereich** eine weitere Bohrung **gasfündig** geworden. Sie liegt im Suchlos 43/20, ca. 160 km östlich von Middlesbrough. Die Ausdehnung der neuen Lagerstätte wird derzeit untersucht.

Mitte dieses Jahres hat im Meeresgebiet um die **Rjukju-Inseln** ein geologisches Suchprogramm auf **Kohlenwasserstoffe** begonnen. Die Arbeiten stehen im Zusammenhang mit der allgemein intensivierten Sucharbeit in den japanischen Gewässern.

Zum Jahreswechsel allen Lesern und Autoren die besten Wünsche, erfolgreiche Arbeit und ein friedliches, glückliches Jahr 1970

*

К наступающему новому году желаем всем читателям и авторам всего наилучшего, успеха в работе, мира и счастья в 1970 году

*

At the Turn of the Year all our Readers and Authors Best Wishes, Every Success and a Peaceful, Happy Year 1970

Redaktion der
ZEITSCHRIFT FÜR ANGEWANDTE GEOLOGIE

An unsere Leser!
Zusammen mit diesem Heft werden kostenlos eine Einbanddecke und das Inhaltsverzeichnis für Band 12 unserer Zeitschrift ausgeliefert. Sollten einige unserer Abonnenten nicht in den Besitz der Einbanddecke gelangen, bitten wir, sich mit der Vertriebsabteilung des Akademie-Verlages in Verbindung zu setzen.

Die Redaktion

In den nächsten Heften

der

Zeitschrift für angewandte Geologie

erscheinen u. a. folgende Beiträge

W. SCHIRRMEISTER: Der Einfluß der Ostsee auf die Lage der Versalzungsgrenze in küstennahen Grundwasserleitern

W. W. BJELOUSOW: Die Tektonosphäre der Erde
Ergebnisse und Aufgaben der Forschung

H. P. JORDAN & K. KERKMANN: Über faziell-ökologische Gliederungsmöglichkeiten im Zechstein

C. DÖHNER: Die Feinstratigraphie des Staßfurtflözes im Südharz und ihre Parallelisierung mit dem Unstrutgebiet

G. KRUMBIEGEL, V. KÖCKE & W. SCHMIDT: Lithostratigraphie und Lagerungsverhältnisse des Tertiärs und Pleistozäns am Nordrand des mittleren Geiseltales

W. STEINER: Der Pariser Horizont im Travertinprofil von Ehringsdorf bei Weimar und seine Genese

G. MILDE, K. FRÖHLICH & C. KLINGER: Ergebnisse und praktische Folgerungen physikalischer Altersbestimmungen an Grundwässern

Herausgeber: Zentrales Geologisches Institut im Auftrag des Staatssekretariats für Geologie beim Ministerrat der Deutschen Demokratischen Republik. Für die kollektive Chefredaktion: Dr. K. KAUTER (Redaktionssekretär), Berlin, Redaktion: 1054 Berlin, Zionskirchstraße 34 (Fernsprecher 426001). Verlag: Akademie-Verlag GmbH, 108 Berlin, Leipziger Straße 3–4 (Fernsprecher 220441, Telex 0112020, Postscheckkonto: Berlin 35021). Bestellnummer des Heftes 1047/15/12. Alleinige Anzeigenannahme DEWAG-WERBUNG, 102 Berlin, Rosenthaler Str. 28–31, und alle DEWAG-Betriebe in den Bezirksstädten der DDR. Die „Zeitschrift für angewandte Geologie" erscheint monatlich, Exportpreis: M 6,–, Sonderpreis für die DDR: M 2,– je Heft. – Satz und Druck: VEB Druckhaus „Maxim Gorki", 74 Altenburg. Veröffentlicht unter der Lizenznummer 1279 des Presseamtes beim Vorsitzenden des Ministerrates der Deutschen Demokratischen Republik. Kartengenehmigung Nr. 939/69.

34114

FSC
www.fsc.org
MIX
Papier | Fördert gute Waldnutzung
FSC® C083411

Zeitfracht Medien GmbH
Ferdinand-Jühlke-Straße 7
99095 Erfurt, Deutschland
produktsicherheit@kolibri360.de